快乐阅读1+1

千年 "圣井"

王光军◎编著

郑州大学出版社

郑州

图书在版编目（CIP）数据

千年"圣井" / 王光军编著. — 郑州 ： 郑州大学
出版社，2016.5
ISBN 978-7-5645-2654-2

Ⅰ．①千… Ⅱ．①王… Ⅲ．①地球—少儿读物 Ⅳ.
①P183-49

中国版本图书馆CIP数据核字(2015)第276465号

郑州大学出版社出版发行
郑州市大学路40号　　　　　　　邮政编码：450052
出版人：张功员　　　　　　　　　发行部电话：0371-66658405
全国新华书店经销
三河市南阳印刷有限公司印制
开本：870 mm × 900 mm　1/16
印张：8
字数：100 千字
版次：2016 年 5 月第 1 版　　　　印次：2016 年 5 月第 1 次印刷

书号：ISBN 978-7-5645-2654-2　　　定价：22.90 元
本书如有印装质量问题，请向本社调换

地球"活"到现在，已经有46亿年的岁数了，但是，这对于地球来说，只是相当于中年，所以，地球是一个长寿的"母亲"。地球上为什么会有四季更替呢？山川河流是如何形成的呢？为什么会发生地震等各种自然灾害呢？这里面有地球自己偶尔的"发脾气"，但是更多的是我们人类做错了，我们不该乱扔垃圾，不该污染河水，等等。本书会让孩子们了解到我们生活的地球的基本知识，从而养成从小保护环境、爱护地球的习惯。

目　录

地球是怎么样形成的？	1
地球的形状	2
地球的内部结构	3
地壳的变迁	4
地幔的组成	5
地核的形成	6
岩石	7

沉积岩	8
岩浆岩	9
变质岩	10
风化作用	11
土壤	12
季节	13
风的形成	14
雨的形成	15

亚洲	16
欧洲	17
北美洲	18
南美洲	19
大洋洲	20
非洲	21
南极洲	22
太平洋	23
印度洋	24
大西洋	25
北冰洋	26
大陆架	27
海峡	28
岛屿	29
大陆岛	30
火山岛	31
珊瑚岛	32
冲击岛	33
中国第一大岛	34
海南岛	35

崇明岛 36
中国的海岸线 37
山地 38
火山 39
地震 40
冰川 41
冰山 42
丘陵 43
平原 44
高原 45
青藏高原 46
黄土高原 47
云贵高原 48

内蒙古高原 49
盆地 50
柴达木盆地 51
准噶尔盆地 52
四川盆地 53
塔里木盆地 54
沙漠 55
世界最大的沙漠 56
河流 57

世界上最长的河流 58
母亲河 59
湖泊 60
世界最大的淡水湖 61
中国最大的内陆湖 62
热带 63
亚热带 64
温带 65
北极圈 66
南极圈 67
信风 68
苔原 69
高山苔原 70
寒带苔原 71
苔原植物 72
苔原动物 73
落叶阔叶林 74
落叶阔叶混交林 75
常绿阔叶林 76
硬叶常绿阔叶林 77
热带雨林 78
植被 79

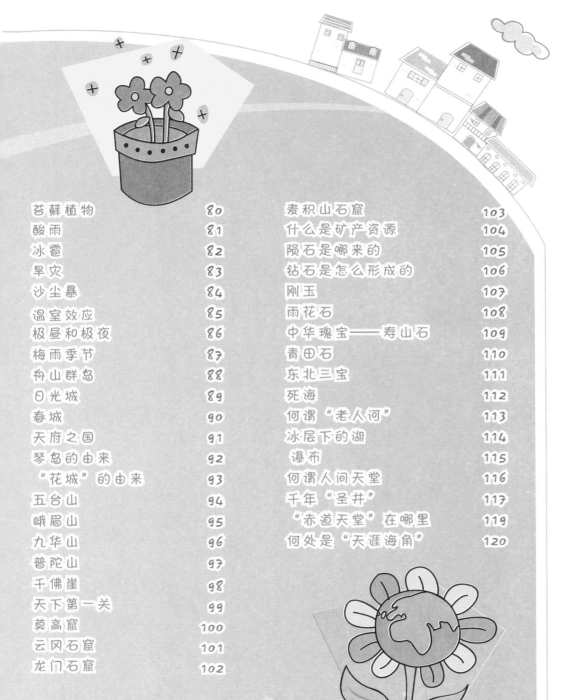

苔藓植物	80	麦积山石窟	103
酸雨	81	什么是矿产资源	104
冰雹	82	陨石是哪来的	105
旱灾	83	钻石是怎么形成的	106
沙尘暴	84	刚玉	107
温室效应	85	雨花石	108
极昼和极夜	86	中华瑰宝——寿山石	109
梅雨季节	87	青田石	110
舟山群岛	88	东北三宝	111
日光城	89	死海	112
春城	90	何谓"老人河"	113
天府之国	91	冰层下的湖	114
琴岛的由来	92	瀑布	115
"花城"的由来	93	何谓人间天堂	116
五台山	94	千年"圣井"	117
峨眉山	95	"赤道天堂"在哪里	119
九华山	96	何处是"天涯海角"	120
普陀山	97		
千佛崖	98		
天下第一关	99		
莫高窟	100		
云冈石窟	101		
龙门石窟	102		

地球是怎样形成的?

我们住的地球是怎么形成的呢?

现在比较科学的说法是:在太阳系形成初期,好多的物质向中心聚合成为太阳,周围还有部分分散的物质碎片围绕着太阳旋转,经过很长很长一段时间的相互碰撞和吸引,分散在太阳周围的碎片就逐渐聚合成了九大行星,其中就包括我们的地球。但那时的地球,只是一团混沌的物质。又经过了漫长的几十万年,组成地球的物质才逐渐冷却凝固,形成了地球的初步形态;再经过漫长的几十万年,由于地球的引力作用,由地球内部化学反应所产生的气体喷出后被保存在地球周围,形成了大气层,并由氢气和氧气化合成了水;然后,经过太阳的能量辐射,地球本身的电场、磁场作用和适宜的生存环境,由水中产生了有机物,也就是一切生命的祖先了。这就是我们现在居住的家园——地球形成的过程。

1

地球的形状

地球到底是什么形状的啊？

经过科学家好多年的研究发现，我们的地球可不是像我们看到的地球仪一样是圆的哦。从南极到北极，地球就像一个椭圆的鸡蛋，而地球的赤道也并不是正圆的，也是一个椭圆形，直径的长短也有差异。这样，从地心到地表就有三根不等长的轴，所以测量学上又用三轴椭球体来表示地球的形状。此后，科学家又发现地球的南北两半球不对称，和北极相比，南极离地心要近一些，这样地球就有点像梨子的样子，于是测量学中又出现"梨形地球"这一名称。

总之，地球的形状很不规则，不能用简单的几何形状来表示。因此，我们都称呼它为地球形体。

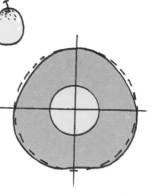

地球的内部结构

我们的地球内部是由地壳、地幔、地核三层构成的。

我们生活的地球就像个鸭蛋似的，地壳就相当于鸭蛋的皮，整个地壳平均厚度大约17千米，其中大陆地壳厚度较大，平均约为35千米。地幔就相当于鸭蛋的蛋清，地幔的厚度大约2865千米，主要由致密的造岩物质构成，这是地球内部体积最大、质量最大的一层。地核就相当于鸭蛋的蛋黄，半径为3480千米。这样，小朋友们是不是对我们生活的地球有了更深的了解？

地壳的变迁

我们站在地球上，脚下踩的就是地壳。地壳就像坚果的壳一样，是地球的最外层，整个地壳厚度有薄有厚，高山地区的地壳最厚，海洋的地壳相对来说就薄一些。

地壳分为上下两层。上层化学成分以氧、硅、铝为主，平均化学组成与花岗岩相似，称为花岗岩层，还有人称它们为"硅铝层"。下层富含硅和镁，平均化学组成与玄武岩相似，称为玄武岩层，所以有人称之为"硅镁层"，在大陆和海洋均有分布。

地幔的组成

地幔是什么呢？是不是大地运动得慢就叫它"地幔"呢？呵呵，小朋友们一起来学习学习吧！

在被我们踩在脚下的地壳下面就是地球的中间层，学名叫作"地幔"，主要由致密的造岩物质构成，这是地球内部体积最大、质量最大的一层。

地幔又分成上地幔和下地幔两层。上地幔顶部存在一个地震波传播速度减慢的层，一般又称为软流层，根据资料推测出：由于放射性元素大量集中，蜕变放热，使岩石高温软化，并局部熔化并融合在一起形成的软流层，这很可能是岩浆的发源地。下地幔温度、压力和密度均增大，是可塑性固态物质。厚度约有2900千米。

地核的形成

　　小朋友们知道地核是什么吗？我们吃水果的时候有的果子有核，那么地核是什么呢？其实，地核是地球的核心部分，主要由铁、镍组成，半径为3480千米。

　　地球的最里边就是地核，大多由铁构成。地核中心的温度很高哦，比太阳表面还热，所以我们对地核的了解还很少，只能通过对地幔的采样来了解一下地核的组成成分。地幔是由硅、镁、氧、铁、钙、铝构成。通过对岩浆中上地幔的采样，地理学家推测：地壳主要由石英（硅的氧化物）和类长石的其他硅酸盐构成。

　　从整体来看，地球是由铁、氧、硅、镁、镍、硫、钛等组成，是太阳系中密度最大的星体。

7500k

岩　石

　　小朋友们有没有爬过山呢？大山上到处都有石头，看着那些裸露的石头，联想书本上学的内容，你不禁想问，石头就是岩石吗？赶快让我们来学习一下吧！

　　岩石是天然产出的具有稳定外形的矿物或玻璃集合体，按照一定的方式结合而成，是构成地壳和上地幔的物质基础。按成因分为岩浆岩、沉积岩和变质岩。

　　岩石是固态矿物或矿物的混合物，由一种或多种矿物组成，具有一定结构构造的集合体。岩石的形态分为：固态、气态、液态。其中固态物质是组成地壳的物质之一，是构成地球岩石圈的主要成分。

沉积岩

大家都不知道什么是沉积岩吧，那和我一起来学习一下吧！

沉积岩又称水成岩，是在地表不太深的地方，将其他岩石的风化产物和一些火山喷发物，经过水流或冰川的搬运、沉积、成岩作用形成的岩石。沉积岩是组成地球岩石圈的主要岩石之一。

在地球的地表，大部分的岩石都是沉积岩，沉积岩主要包括有石灰岩、砂岩、页岩等。沉积岩中含有丰富的矿产，全世界矿产资源大部分都蕴藏在沉积岩里。

岩浆岩

岩浆岩就是岩浆遇冷凝结形成的岩石。

岩浆岩又称火成岩，约占地壳总体积的一半还多。岩浆是在地壳深处或上地幔产生的高温炽热、黏稠的膜硅酸盐熔融体。岩浆是形成各种岩浆岩和岩浆矿床的母体。岩浆的发生、运移、聚集、变化及遇冷凝结成岩的全部过程，称为岩浆作用。现在已经发现了好多好多种岩浆岩，大部分都是组成地壳的岩石。最常见的岩浆岩有花岗岩、安山岩、玄武岩等。

一般来说，岩浆岩易出现于板块交界地带的火山区。

变质岩

变质岩是指受到地球内部力量改造而成的新型岩石。

变质岩是在非常高的温度、非常高的压力和矿物质的混合作用下，由一种岩石自然变质成的另一种岩石。固态的岩石是在地球内部的压力和温度作用下，发生物质成分的迁移和重结晶而形成的新的矿物组合，例如：普通石灰石由于重结晶变化成了大理石。

变质岩可分为两大类型，一类是变质作用作用于岩浆岩，形成的变质岩为正变质岩；另一类是作用于沉积岩，生成的变质岩为副变质岩。

变质岩是组成地壳的主要成分，变质岩是在地下深处的高温、高压下产生的，经过很多年由于地壳运动而出露地表。

风化作用

风化作用——地表或接近地表的岩石、矿物与大气、水及生物等接触的过程中产生物理、化学变化，而在原地形成松散堆积物的全过程。

根据风化作用的因素和性质分为物理风化作用、化学风化作用和生物风化作用三种类型。

岩石是热的不良导体，在温度的变化下，表层与内部受热不均，产生膨胀与收缩，长期作用结果使岩石发生崩解破碎。在气温的日变化和年变化都较突出的地区，岩石中的水分不断冻融交替，冰冻时体积膨胀，好像一把把楔子插入岩石体内直到把岩石劈开、崩碎。以上两种作用属于物理风化作用。

岩石中的矿物成分在氧、二氧化碳以及水的作用下，常常发生化学分解作用，产生新的物质。这些物质有的被水溶解，随水流失，有的属于不溶解物质就残留在原地。这种改变原有化学成分的作用称为化学风化作用。

植物根系的生长、洞穴动物的活动、植物体死亡后分解形成的腐殖酸对岩石的分解都可以改变岩石的状态与成分。这种改变原有化学成分的作用称为生物风化作用。

岩石的风化作用与水分和温度密切相关，温度越高，湿度越大，风化作用越强。

土壤

土壤是指覆盖于地球陆地表面，具有肥力特征的、能够生长绿色植物的疏松物质层。由各种颗粒状矿物质、有机物质、水分、空气、微生物等组成，能生长植物。

土壤是由固体、液体和气体三类物质组成的。固体物质包括土壤矿物质、有机质和微生物等。液体物质主要指土壤水分。气体是存在于土壤孔隙中的空气。土壤中这三类物质构成了一个矛盾的统一体。它们互相联系，互相制约，为作物提供必需的生活条件，是土壤变得更加肥沃的物质基础。土壤更加肥沃，农民伯伯才能种出更多的粮食。

季节

季节是每年循环出现的地理景观相差比较大的几个时间段。不同的地区，其季节的划分也是不同的。就中国的气候而言，一年分为春、夏、秋、冬四季。

在春季，随着气温的升高，冰雪开始消融，河流水位上涨。植物开始发芽生长，许多鲜花开放。冬眠的动物苏醒，鸟类开始迁徙，离开过冬地向繁殖地进发，因此在中国也将春季称为"万物复苏"的季节。夏季，各类生物已经恢复生机，开始旺盛的生命活动。而秋季是收获的季节，很多植物的果实在秋季成熟。相对于夏季来说，秋季的气温开始下降，许多植物的叶子会渐渐变色、枯萎、飘落，只留下枝干度过冬天。冬季在很多地区都意味着沉寂和冷清。生物在寒冷来袭的时候会减少生命活动，很多植物会落叶，动物会选择冬眠，候鸟会飞到较为温暖的地方度过漫长的冬天。

秋来夏往，冬去春回，年复一年，四季就这样循环着。

风的形成

提到风大家都知道，但风是怎么形成的呢？

和地面大致平行的空气，由于冷热气压分布不均匀，使空气流形成了风。

风形成的直接原因，是水平气压梯度力。风受大气环流、地形、水域等不同因素的综合影响，表现形式多种多样，如季风、地方性的海陆风、山谷风、焚风等。简单来说，风是空气分子的运动。

风对于农业生产有着重要的影响，风速在很大程度上能起到改善农田环境的作用。风可传播植物花粉、种子，帮助植物授粉和繁殖。风能是分布广泛、用之不竭的能源。中国盛行季风，对作物生长有利。在内蒙古高原、东北高原、东南沿海以及内陆高山，都具有丰富的风能资源可作为能源开发利用。

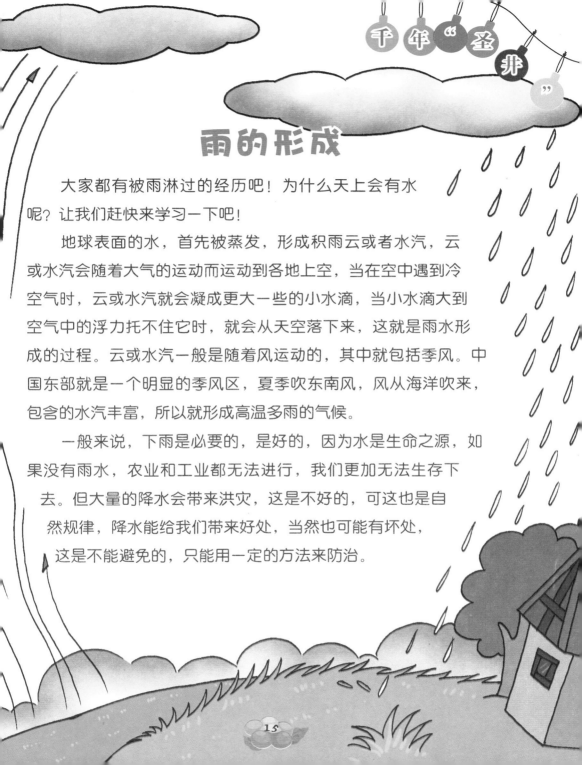

雨的形成

　　大家都有被雨淋过的经历吧！为什么天上会有水呢？让我们赶快来学习一下吧！

　　地球表面的水，首先被蒸发，形成积雨云或者水汽，云或水汽会随着大气的运动而运动到各地上空，当在空中遇到冷空气时，云或水汽就会凝成更大一些的小水滴，当小水滴大到空气中的浮力托不住它时，就会从天空落下来，这就是雨水形成的过程。云或水汽一般是随着风运动的，其中就包括季风。中国东部就是一个明显的季风区，夏季吹东南风，风从海洋吹来，包含的水汽丰富，所以就形成高温多雨的气候。

　　一般来说，下雨是必要的，是好的，因为水是生命之源，如果没有雨水，农业和工业都无法进行，我们更加无法生存下去。但大量的降水会带来洪灾，这是不好的，可这也是自然规律，降水能给我们带来好处，当然也可能有坏处，这是不能避免的，只能用一定的方法来防治。

千年"坐井"

亚洲

亚洲是亚细亚洲的简称，是面积最大，跨纬度最广，东西距离最长，人口最多的一个洲。其绝大部分土地位于东半球和北半球。亚洲东面是太平洋、北面是北冰洋，南面濒临印度洋，西临大西洋，西面以乌拉尔山脉、乌拉尔河、里海、大高加索山脉、黑海、土耳其海峡与欧洲分界，西南面隔亚丁湾、曼德海峡、红海与非洲相邻，东北面隔白令海峡与北美洲相望。

亚洲是佛教、伊斯兰教和基督教三大宗教发源地。亚洲矿产种类多，储量大，石油、铁、锡等储量居各洲第一；森林覆盖面积大；还有大量的水力资源及沿海渔场等资源可开发。

欧洲

　　欧洲是欧罗巴洲的简称，"欧罗巴"一词据说最初来自腓尼基语的"伊利布"一词，意思是"西方日落的地方"或"西方的土地"。

　　整个欧洲地形以平原为主，南部耸立着一系列山脉，总称阿尔卑斯山系，其中勃朗峰属法国境内，是西欧第一高峰。欧洲的河网稠密，水量丰沛。最长的河流是伏尔加河，第二大河是多瑙河。

　　欧洲的海岸线十分曲折，多半岛、岛屿、海湾、内海，北欧的斯堪的纳维亚半岛是欧洲最大的半岛。欧洲是有常住人口，唯一没有热带气候的洲，同时寒带气候所占的面积也不大，所以气候温和，降水分布比较均匀。

　　欧洲是世界第六大洲，面积1016万平方千米。

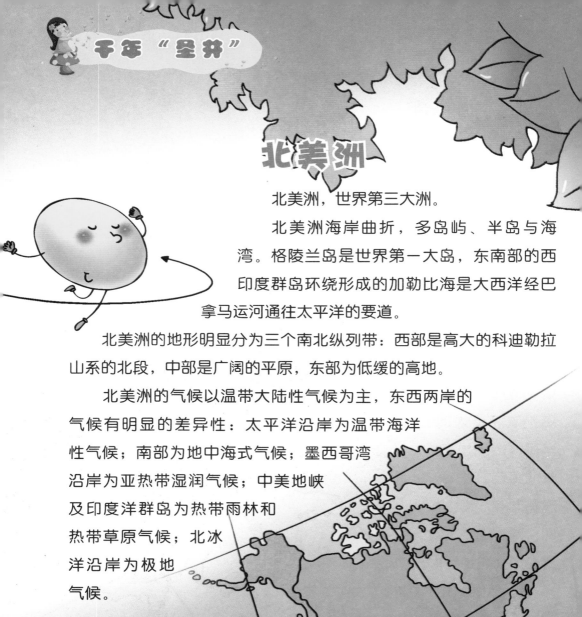

北美洲

北美洲，世界第三大洲。

北美洲海岸曲折，多岛屿、半岛与海湾。格陵兰岛是世界第一大岛，东南部的西印度群岛环绕形成的加勒比海是大西洋经巴拿马运河通往太平洋的要道。

北美洲的地形明显分为三个南北纵列带：西部是高大的科迪勒拉山系的北段，中部是广阔的平原，东部为低缓的高地。

北美洲的气候以温带大陆性气候为主，东西两岸的气候有明显的差异性：太平洋沿岸为温带海洋性气候；南部为地中海式气候；墨西哥湾沿岸为亚热带湿润气候；中美地峡及印度洋群岛为热带雨林和热带草原气候；北冰洋沿岸为极地气候。

南美洲

南美洲在哪儿呢？
顾名思义，肯定在美洲的南部
喽！

南美洲是南亚美利加洲的简称，位于西
半球南部，东面是大西洋，西为太平洋。陆地
是以巴拿马运河为界与北美洲相分，南面隔海与南
极洲相望。海岸较为平直，少岛屿和海湾。南美洲的
安第斯山脉，是世界最长的山脉，阿空加瓜
山是南美洲最高峰；东部的中巴西高原是世界最
大的高原；中部为奥里诺科平原、亚马孙平原和拉普拉
塔平原，是世界最大的冲积平原。

南美洲大部分地区属热带雨林和热带高原气候，
温暖湿润。南美洲的自然资源丰富。石油、铁、铜等储
量居世界前列。森林面积和草原覆盖面积大，渔业资源
和水力资源也十分丰富。

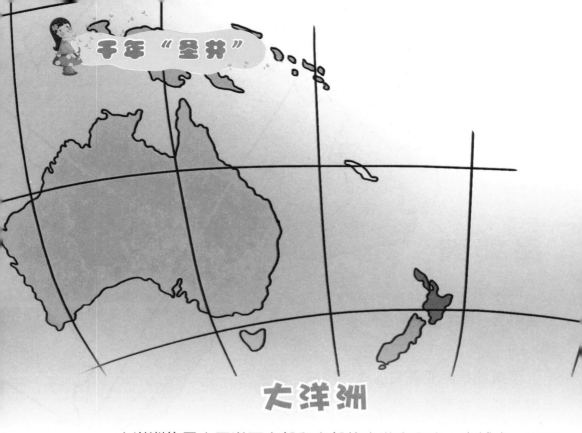

大洋洲

大洋洲位于太平洋西南部和南部的赤道南北广大海域中。在亚洲和南极洲之间，西邻印度洋，东临太平洋，并与南北美洲遥遥相对。大洋洲是亚非之间与南、北美洲之间船舶、飞机往来所需淡水、燃料和食物的供应站，又是海底电缆的交汇处，在交通和战略上具有重要地位。

大洋洲是世界上常住人口最少的一个洲，居民大多数都是欧洲移民的后裔，本地人只有很少的一部分。

悉尼歌剧院和大堡礁是大洋洲最著名的景观。大洋洲由于地理条件的独特性，至今仍保留有一些珍稀的物种，如袋鼠。

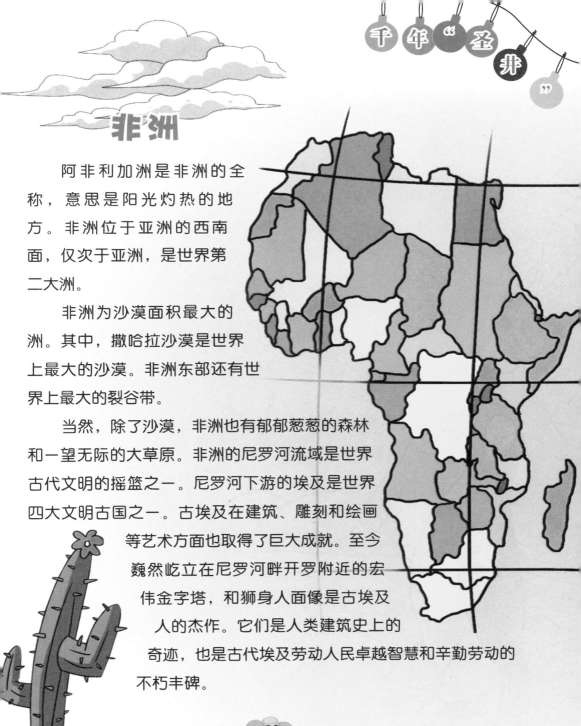

非洲

阿非利加洲是非洲的全称，意思是阳光灼热的地方。非洲位于亚洲的西南面，仅次于亚洲，是世界第二大洲。

非洲为沙漠面积最大的洲。其中，撒哈拉沙漠是世界上最大的沙漠。非洲东部还有世界上最大的裂谷带。

当然，除了沙漠，非洲也有郁郁葱葱的森林和一望无际的大草原。非洲的尼罗河流域是世界古代文明的摇篮之一。尼罗河下游的埃及是世界四大文明古国之一。古埃及在建筑、雕刻和绘画等艺术方面也取得了巨大成就。至今巍然屹立在尼罗河畔开罗附近的宏伟金字塔，和狮身人面像是古埃及人的杰作。它们是人类建筑史上的奇迹，也是古代埃及劳动人民卓越智慧和辛勤劳动的不朽丰碑。

南极洲

南极洲是人类最后到达的大陆，也叫"第七大陆"。位于地球最南端，土地几乎都在南极圈内，太平洋、印度洋和大西洋分布在四周。是世界上地理纬度最高的一个洲，同时也是跨经度最多的一个大洲。位于七大洲面积的第五位。

南极大陆几乎绝大多数的地域终年为冰雪所覆盖，蕴含着极大的淡水储量。

气候严寒的南极洲，植物难于生长，偶能见到一些苔藓、地衣等植物。海岸和岛屿附近有鸟类和海兽。鸟类以企鹅为多。夏天，企鹅常聚集在沿海一带，构成有代表性的南极景象。海兽主要有海豹、海狮和海豚等。

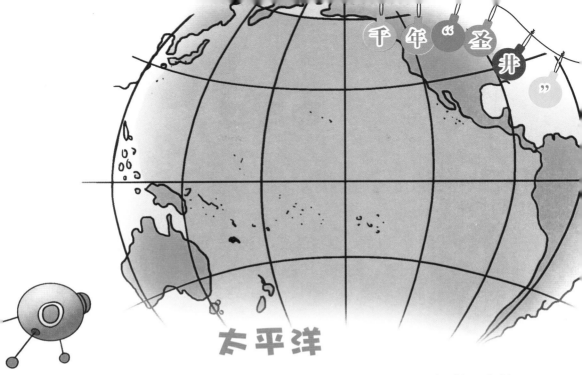

太平洋

太平洋是世界上最大的海洋。位于亚洲、大洋洲、南极洲和南美洲、北美洲之间。

太平洋在国际交通上起着举足轻重的作用。有许多条联系亚洲、大洋洲、北美洲和南美洲的重要海上和空中航线经过太平洋。东部的巴拿马运河和西南部的马六甲海峡，分别是通往大西洋和印度洋的捷径和世界主要航道。

太平洋生长的动、植物，无论是浮游植物还是海底植物，以及鱼类和其他动物都比其他大洋丰富。矿物资源的储量也很丰富。

太平洋活火山众多，地震频繁。太平洋的马里亚纳海沟是世界上最深的海沟。

印度洋

印度洋是世界第三大洋。它位于亚洲、大洋洲、非洲和南极洲之间，是联系亚洲、非洲和大洋洲之间的交通要道。

印度洋的自然资源相当丰富，矿产资源以石油和天然气为主，石油的储量和产量都占世界首位。印度洋海域是世界上最大的海洋石油产区。印度洋中以印度半岛沿海捕鱼量最大，主要捕捞的鱼类有：鲭鱼、沙丁鱼和比目鱼，非洲南岸还有金枪鱼、飞鱼及海龟等。在近南极大陆的海域里，还有鳁鲸、青鲸和丰瓦洛鲸。此外，在波斯湾的巴林群岛、阿拉伯海、斯里兰卡和澳大利亚沿海还盛产珍珠。

大西洋

大西洋是世界上第二大洋。位于欧洲、非洲与南、北美洲和南极洲之间。

大西洋在世界航运中处于极为重要的地位，航运业极为发达，航路四通八达、十分便利。同时大西洋沿岸几乎都是各大洲最发达的地区、经济水平较高的资本主义国家，贸易、经济交往频繁，是世界环球航运体系中的重要环节和枢纽。

大西洋中的海洋资源相当丰富，已勘探和利用的资源主要是矿产资源和水产资源。

北冰洋

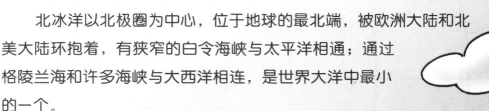

北冰洋是世界最小、最浅和最冷的大洋。

北冰洋以北极圈为中心，位于地球的最北端，被欧洲大陆和北美大陆环抱着，有狭窄的白令海峡与太平洋相通；通过格陵兰海和许多海峡与大西洋相连，是世界大洋中最小的一个。

大陆架有丰富的石油和天然气，沿岸地区及沿海岛屿有煤、铁、磷酸盐、泥炭和有色金属。海洋生物相当丰富，以靠近陆地为最多，越深入北冰洋则越少。邻近大西洋边缘地区有范围辽阔的渔区。

在北极点附近，有极昼和极夜，还会出现美丽的极光。

大陆架

大陆架是大陆向海洋的自然延伸，通常被认为是陆地的一部分。又叫"陆棚"或"大陆浅滩"。它是指环绕大陆的浅海地带。

大陆架是指邻接一国海岸，但在领海以外的一定区域的海床和底土。大陆架的浅海区是海洋植物和海洋动物生长发育的良好场所，全世界的海洋渔场大部分分布在大陆架海区。还有海底森林和多种藻类植物，有的可以加工成多种食品，有的是良好的医药和工业原料。这些资源属于沿海国家所有。大陆架有丰富的矿藏和海洋资源，已发现的有石油、煤、天然气、铜、铁等多种矿产；其中已探明石油储量是整个地球石油储量的三分之一。

海峡

海峡是指两块陆地之间连接两个海或洋的较狭窄的水道。它一般深度较大，水流较急。海峡的地理位置特别重要，不仅是交通要道、航运枢纽，而且是兵家必争之地。因此，人们常把它称之为"海上走廊""黄金水道"。

海峡通常位于两个大陆或大陆与邻近的沿岸岛屿，以及岛屿与岛屿之间。其中有的沟通两海（如台湾海峡沟通东海与南海），有的沟通两洋（如麦哲伦海峡沟通大西洋与太平洋），有的沟通海和洋（如直布罗陀海峡沟通地中海与大西洋）。

海峡是由海水通过地峡的裂缝经长期侵蚀，或海水淹没下沉的陆地低凹处而形成的。一般水较深，水流较急且多涡流。海峡内的海水温度、盐度、水色、透明度等水文要素的垂直和水平方向的变化较大。底质多为坚硬的岩石或沙砾，细小的沉积物较少。

岛屿

　　岛屿是岛的总称，岛大，屿小。岛屿散布在海洋、江河或湖泊中，彼此相距较近的一组岛屿称为群岛。

　　地壳运动引起陆地下沉或海面上升，部分陆地与大陆分离成岛。从形成原因上来讲岛屿可分为两类：大陆岛和海洋岛。大陆岛是大陆的"本家"。以花彩链状分布在大陆边缘的外围。在地质构造上与附近大陆相连，只是由于地壳变动或海水上升，局部陆地被水包围而成岛屿。中国的台湾岛就是最典型的大陆岛。海洋岛由海底火山作用而产生的喷发物质堆积而成，或由珊瑚虫的分泌物和遗骸堆积的珊瑚礁构成。前者如夏威夷群岛中的大部分岛屿，后者如中国的西沙、南沙群岛。中国的崇明岛是河流、湖泊中的泥沙堆积而成的。

大陆岛

大陆岛是一种由大陆向海洋延伸露出水面的岛屿。世界上较大的岛基本上都是大陆岛。它是因地壳上升、陆地下沉或海面上升、海水侵入,使部分陆地与大陆分离而形成的。世界上最大的格陵兰岛、著名的日本列岛、大不列颠群岛,以及中国的台湾岛、海南岛,都是大陆岛。

大陆岛形成的原因:①因构造作用,如断层或地壳下沉,致使沿岸地区一部分陆地与大陆相隔成岛;或因陆块分裂漂移,岛与原先的大陆之间被较深、较广的海域隔开。如中国的台湾岛、海南岛,欧洲的不列颠群岛,北美洲的格陵兰岛和纽芬兰岛、马达加斯加岛、塞舌尔群岛等。②由冰碛物堆积而成。原为大陆冰川的一部分,后因气候变暖,冰川融化,海面上升,同大陆分离,如美国东北部沿岸和波罗的海沿岸的一些岛屿。

火山岛

　　火山岛是因海底火山持久喷发，岩浆逐渐堆积，最后露出水面而形成的。如夏威夷群岛就是由一系列海底火山喷发而成，露出水面后呈长长的直线形。火山岛按属性分为两种，一种是大洋火山岛，它与大陆地质构造没有联系；另一种是大陆架或大陆坡海域的火山岛，它与大陆地质构造有联系，但又与大陆岛不尽相同，属大陆岛与大洋岛之间的过渡类型。

　　火山岛形成后，经过漫长的风化侵蚀，岛上的岩石破碎并逐步土壤化，因而火山岛上可生长多种动植物。但因成岛时间、面积大小、物质组成和自然条件的差别，火山岛的自然条件也不尽相同。

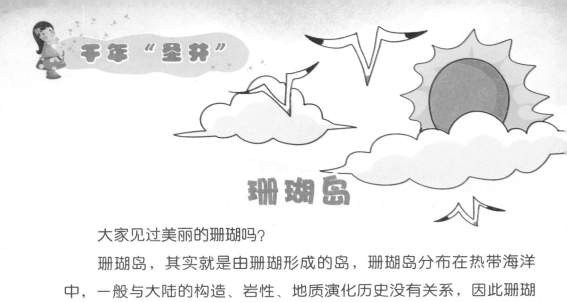

珊瑚岛

大家见过美丽的珊瑚吗?

珊瑚岛,其实就是由珊瑚形成的岛,珊瑚岛分布在热带海洋中,一般与大陆的构造、岩性、地质演化历史没有关系,因此珊瑚岛和火山岛一起被统称为大洋岛。在珊瑚岛的表面常覆盖着一层磨碎的珊瑚粉末——珊瑚砂和珊瑚泥。珊瑚岛是由热带、亚热带海洋中的珊瑚虫残骸及其他壳体动物残骸堆积而成的,主要集中于南太平洋和印度洋中。

冲击岛

冲击岛也称冲积岛，由于它的组成物质主要是泥沙，故也称沙岛。冲积岛是陆地的河流夹带泥沙搬运到海里，沉积下来形成的海上陆地。陆地的河流流速比较急，带着上游冲刷下来的泥沙流到宽阔的海洋后，流速就慢了下来，泥沙就沉积在河口附近，经年累月，越积越多，逐步形成高出水面的陆地，这就叫冲击岛。世界上许多大河入海的地方，都会形成一些冲积岛。

冲积岛的地质构造与河口两岸的冲积平原相同。其地势低平，在岛屿四周围绕着广阔的滩涂。冲积岛由泥沙组成，结构松散，因而很不稳定，往往会因周围水流条件的变更，岛的面积会涨大或缩小，形态也会变化。

冲击岛上，地貌形态简单，地势平坦，海拔只有几米，有些有绿荫覆盖，有些则是满目黄沙。在土壤化较好的冲积岛上，种植护岛固沙的林木、绿草和庄稼。

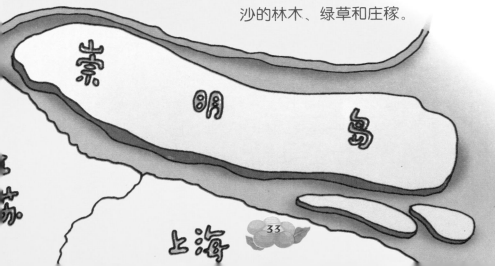

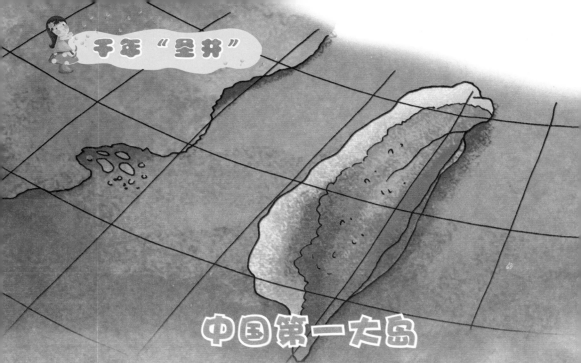

中国第一大岛

台湾岛是中国第一大岛，位于东海南部。那为什么我们都叫"宝岛"台湾呢？

原来啊，台湾气候冬季温暖，夏季炎热，雨量充沛，由于雨水的关系，岛上淡水资源极为丰富，岛上耕地面积大，生产稻米，米质好，产量高。岛上有山的地方森林覆盖面大，有好多的树种，其中尤以台湾杉、红桧、樟、楠等名贵木材闻名于世，樟树提取物更居世界之冠。

台湾四面环海，因地处寒暖流交界，渔业资源丰富。东部沿海水深，渔期终年不绝；近海渔业、养殖业和远洋渔业都较发达。

岛上经济发达，交通便利，海上和空中航线可达世界五大洲。还有著名的日月潭、阿里山、阳明山、北投温泉、台南赤崁楼、北港妈祖庙等名胜。

海南岛

海南岛在中国领土的最南端，是中国第二大岛。

海南岛土地肥沃，物产丰富。岛上有许许多多的橡胶园、椰子园和热带植物园，铁矿、石油和天然气等矿产蕴藏量也非常丰富。

海南岛一年四季气候宜人，风景优美。地处最南端的天涯海角，海天一色，美丽壮观。游泳胜地牙龙湾海滩，有七千多米长，一望无际的海滩沙白如银，各种颜色的贝壳碎片在阳光下闪闪发光。

海南岛被海内外游客誉为"东方旅游宝典"，是"向世界出口阳光、空气和沙滩的地方"。这里以天然之秀，人工之巧的景观，来吸引国内外的游客。

崇明岛

崇明岛——世界上最大的河口冲积岛，世界上最大的沙岛，是中国第三大岛。

全岛地势平坦，土地肥沃，林木茂盛，物产富饶，是有名的鱼米之乡。作为海岛，崇明岛当然有其一些独特的资源与景观。大致有三样特别之景：第一特色是蟹多；第二大特色是海滩芦苇成林；第三大特色是岛身形状迁徙无常。

由于崇明岛是长江的冲积岛，所以岛的形状和长江江口的演变相联在一起。因此，从前的崇明岛与现在的位置和形状相差甚远，每年都在不停变化。"生态""环保"目前是崇明岛规划和建设的主题词。

岛上居民以汉族为主，另有蒙古族、回族、满族、壮族、白族、彝族、朝鲜族、维吾尔族、布依族、哈尼族、土家族、藏族等少数民族。

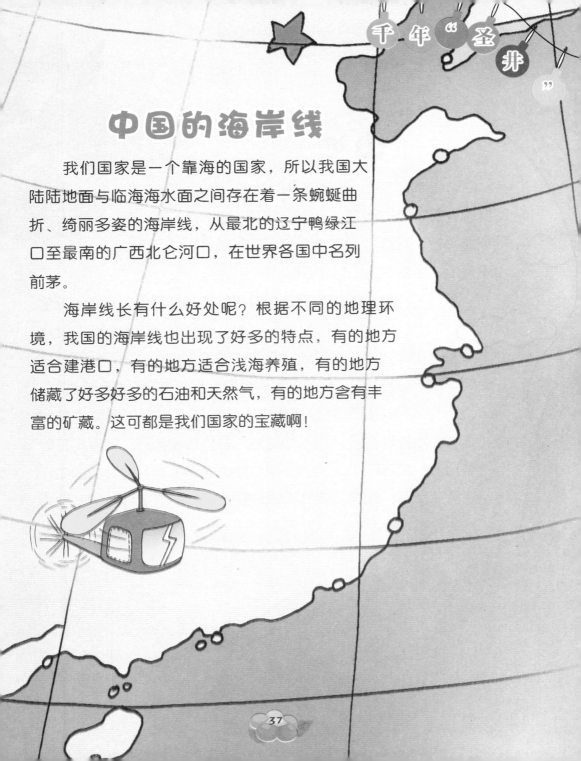

中国的海岸线

　　我们国家是一个靠海的国家，所以我国大陆陆地面与临海海水面之间存在着一条蜿蜒曲折、绮丽多姿的海岸线，从最北的辽宁鸭绿江口至最南的广西北仑河口，在世界各国中名列前茅。

　　海岸线长有什么好处呢？根据不同的地理环境，我国的海岸线也出现了好多的特点，有的地方适合建港口，有的地方适合浅海养殖，有的地方储藏了好多好多的石油和天然气，有的地方含有丰富的矿藏。这可都是我们国家的宝藏啊！

山地

　　地球陆地的表面，有许多蜿蜒起伏、巍峨奇特的群山，那就是山地了。山地的表面形态奇特多样，有的彼此平行，绵延数千千米；有的相互重叠，犬牙交错，山里套山，山外有山，连绵不断。

　　按山的成因又可分为褶皱山、断层山、褶皱—断层山、火山、侵蚀山等。褶皱山是地壳中的岩层受到水平方向的力的挤压，向上弯曲拱起而形成的。断层山是岩层在受到垂直方向上的力，使岩层发生断裂，然后被抬升而形成的。

　　山地是大陆的基本地形，分布十分广泛。尤其是亚欧大陆和南北美洲大陆分布最多。我国的山地大多分布在西部，如喜马拉雅山、昆仑山、唐古拉山、天山、阿尔泰山等都是著名的大山。由于山地地区海拔高，低温，呈气候的垂直分布，适宜多种植被与经济林木生长。

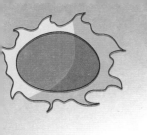

火山

被我们踩在脚下的地球其实具有很复杂的结构。

在地壳下面有一层岩浆层，在这里温度非常高，所有的岩石都熔化成了火红火红的岩浆，而我们脚下的土地就是漂浮在这层岩浆上的地壳，地壳并不是一样厚薄，在地壳比较薄或者有裂缝的地方，岩浆就会从那里喷发出来，喷发出来的岩浆在空中遇冷凝固，在喷口周围形成环行凝固层，这就是我们所说的火山了。有的火山可以喷发很久很久，有的火山只能喷发一瞬间。

在人类历史中曾经喷发过的火山，有的到现在还在活动，那它就是活火山，如果一座火山喷发后很久没有再喷发，就被称为休眠火山，而那些在喷发后再也没有活动，并在未来很长时间里也不会喷发的火山就称为死火山。

地震

一说起地震，小朋友们是不是感到很害怕啊？

地震是指地壳在内、外营力作用下，集聚的构造应力突然释放，产生震动弹性波，从震源向四周传播引起的地面颤动。

其实，地震是一种自然现象。地球在不断运动和变化，逐渐积累了巨大的能量，在地壳某些脆弱地带，造成岩层突然发生破裂，或者引发原有断层的错动。地震分为构造地震、火山地震、陷落地震和诱发地震四种。

地震造成的危害是巨大的，只有提前预测到地震发生时间地点，才能有效预防，所以小朋友要好好学习科学知识，争取将来为人类做贡献。

冰川

冰川是指寒冷地区多年降雪积聚、经过变质作用形成的具有一定形状并能自行运动的天然冰体。

冰川是大量冰块堆积形成如同河川般的地理景观。在终年冰封的高山或两极地区，多年的积雪经重力或冰河之间的压力，沿斜坡向下滑形成冰川。

冰川是水的一种存在形式，冰川存在于极寒之地。地球上南极和北极是终年严寒地带，故而有冰川，在其他地区只有高海拔的山上才能形成冰川。我们知道越往高处温度越低，当海拔超过一定高度，温度就会降到0℃以下，降落的降水才能以固态形态常年存在。两极地区的冰川又名大陆冰川，覆盖范围较广，是冰河时期遗留下来的。冰川是地球上最大的淡水资源，也是地球上继海洋以后最大的天然水库。

冰山

冰山是一块大若山川的冰，脱离了冰川或冰架，在海洋里自由漂流。

冰山就是漂在海上的像山那么大的冰块，那它又为什么会漂浮在海面上而不融化在海水中？海上漂浮的冰山其实是南极大陆冰盖破裂后，进入海洋的巨大冰块。南极大陆中间高，四周低，像一个盾。数万年不化的积雪在它上面覆盖了数千米厚的冰盖。冰盖自身的巨大压力使它们不断地向四周的大陆边缘运动。在海边，这些冰渐渐伸入水中，当它们伸入水中过多时，由于水的浮力，它们有时就会折断，成为一块漂浮在海上的巨冰，这就形成了冰山。冰山是一种宝贵的淡水资源。

冰山对于航海是十分危险的，过去人们只能凭眼睛观察它们，现在可以用雷达来监测。

丘陵

丘陵是指高低起伏，坡度较缓，连绵不断的低矮隆起高地。丘陵是由各种岩类组成的坡面组合体。丘陵是我国一种主要的地貌，占全国总面积的十分之一。

丘陵的形成是很复杂的，山脉受长期风化侵蚀形成丘陵，不稳定的山坡滑动和下沉也可形成，风造成的堆积，冰川造成的堆积，植被造成的堆积，河流造成的侵蚀，火山爆发，地震和人为因素都能造成丘陵的形成。

由于丘陵地区内的田野面积一般比较小，每块田野里的作物也不同，往往将粮食、蔬菜、果树和树林混合种植。

平原

平原是指陆地上海拔高度较低，地表起伏平缓的广大平地。

平原由于形成的原因可分几大类：冲积平原、海蚀平原、冰碛平原、冰蚀平原。

平原不但广大，而且土地肥沃，水网密布，交通发达，是经济文化发展较早较快的地方。另外一些重要矿产资源，如煤、石油等也聚集在平原地带。

我们国家有三大平原：东北平原、华北平原和长江中下游平原。

高原

高原一般指海拔高度比较高，面积比较广大，地形比较开阔，周边以明显的陡坡为界，比较完整的大面积隆起的地区。

高原与平原的主要区别是海拔较高，它以完整的大面积隆起区别于山地。高原有"大地的舞台"之称，它是在长期连续的大面积的地壳抬升运动中形成的。有的高原表面宽广平坦，地势起伏不大；有的高原则山峦起伏，地势变化很大。世界最高的高原是中国的青藏高原，面积最大的高原为南极冰雪高原。高原最本质的特征是地势相对高，气压低，而海拔相当高。

高原海拔高，气压低，氧气含量少，另外高原地区接受太阳辐射多，日照时间长，太阳能资源非常丰富。

青藏高原

青藏高原，中国最大的高原，世界平均海拔最高的高原。青藏高原大部分在中国西南部，包括西藏自治区和青海省的全部、四川省西部、新疆维吾尔自治区南部，以及甘肃、云南的一部分。平均海拔4000～5000米，有"世界屋脊"和"第三极"之称。

青藏高原海拔高，大部分地区热量不足，谷物难以成熟，只适合放牧。是亚洲许多大河的发源地。青藏高原是地球上海拔最高、面积最大、年代最新、并仍在隆升的一个高原。

高原的主要农作物是青稞。还有大家都知道的牦牛。

黄土高原

黄土高原是世界最大的黄土沉积区，位于中国中部偏北。

高原上覆盖深厚的黄土层，黄土颗粒细，土质松软，含有丰富的矿物质养分，利于耕作，盆地和河谷农垦历史悠久，是中国古代文化的摇篮。但由于缺乏植被保护，夏天雨量集中，且多暴雨，在长期流水侵蚀下地面被分割得非常破碎。

我国的陕西黄土高原位于大陆腹地，气候较干旱，降水稀少，蒸发强烈，水源短缺。陕西黄土高原水土流失严重，河流含沙量很大，所以我们应多植树造林，防止水土流失。

云贵高原

　　云贵高原位于中国西南部高原。高原西部主要在云南省境内，东部主要在贵州省境内，云南高原和贵州高原相连在一起，分界不明，所以合称为"云贵高原"。

　　云贵高原分布着广泛的岩溶地貌，是喀斯特地形。它是石灰岩在高温多雨的复杂化学反应条件下，经过漫长的岁月，被水溶解和侵蚀而逐渐形成的。云贵高原是世界上岩溶地貌发育最完美、最典型的地区之一。

　　高原上分布着许多小盆地，盆地内土层深厚而肥沃，是农业比较发达的地区。

内蒙古高原

内蒙古高原位于中国北部，是中国的第二大高原。

内蒙古高原开阔坦荡，地面起伏和缓。从飞机上俯视高原就像烟波浩瀚的大海，古人称之为"瀚海"。高原上既有碧野千里的草原，也有沙浪滚滚的沙漠，是中国天然牧场和沙漠分布地区之一。内蒙古高原又称北部高原。

高原上日照充足，多大风，可利用日照和风力发电，土地资源丰富，牧草生长良好，是中国最主要的畜牧业基地。草原上还盛产中草药，如甘草、黄芪、黄芩、赤芍、麻黄等。高原上的高盐湖有盐、碱、芒硝等资源。矿产资源丰富，有煤、铁、铌、稀土矿等。

盆地

什么是盆地呢？盆地就像一个放在地上的大盆子，所以，人们就把四周高（山地或高原）、中部低（平原或丘陵）的盆状地形称为盆地。

根据盆地的地球海陆环境将其分为大陆盆地和海洋盆地两大类型，大陆盆地简称陆盆，海洋盆地简称海盆或洋盆，特征为盆地四周地形的水平高度要比盆地自身高，在中间形成一个低地。盆地也是地形分支的一种。

盆地主要是由于地壳运动形成的。在地壳运动作用下，地下的岩层受到挤压或拉伸，变得弯曲或产生了断裂就会使有些部分的岩石隆起，有些部分下降，下降的那部分被隆起的那部分包围，盆地的雏形就形成了。

地球上最大的盆地在东非大陆中部，叫刚果盆地或扎伊尔盆地，这是非洲重要的农业区，盆地边缘有着丰富的矿产资源。

柴达木盆地

柴达木盆地为高原型盆地，地处青海省西北部，盆地略呈三角形，为中国三大内陆盆地之一。

柴达木盆地西高东低，西宽东窄，四周高山环绕，南面是昆仑山脉，北面是祁连山脉，西北是阿尔金山脉，东为日月山，为封闭的内陆盆地。处于平均海拔4000多米的山脉和高原形成的月牙形山谷中，盆地内有盐水湖5000多个，最大的要数面积1600平方千米的青海湖。

柴达木不仅是盐的世界，而且还有丰富的石油、煤，以及多种金属矿藏，如冷湖的石油、鱼卡的煤、锡铁山的铅锌矿等都很有名。所以柴达木盆地有"聚宝盆"的美称。

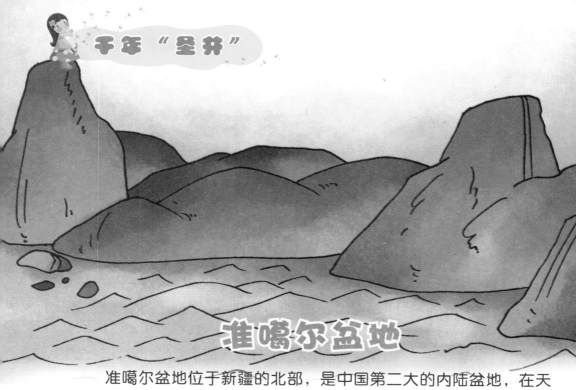

准噶尔盆地

　　准噶尔盆地位于新疆的北部，是中国第二大的内陆盆地，在天山、阿尔泰山及西部的一些山脉之间。

　　盆地呈不规则三角形，盆地边缘为山麓绿洲，栽培作物多一年一熟，盛产棉花、小麦。盆地中部为广阔草原和沙漠（库尔班通古特沙漠），部分为灌木及草本植物覆盖，盆地南部冲积平原广阔，是新垦农业区。盆地受冰川和融雪水补给，水量变化稳定，农业用水保证率高，牧场广阔，牛羊成群。

　　准噶尔盆地内蕴藏着丰富的石油、煤和各种金属矿藏，盆地西部的克拉玛依是中国较大的油田。北部的阿尔泰山区盛产黄金。

四川盆地

　　四川盆地由联结的山脉环绕而成，位于中国大西部，囊括了四川中东部和重庆大部分地区，四川盆地聚居着四川、重庆的绝大部分人口，是中国和世界上人口最稠密的区域之一，也是巴蜀文化的摇篮，号称"天府之国"。

　　四川盆地是著名红层盆地，是中国各大盆地中形态最典型、纬度最南、海拔最低的盆地。长江把它和东海一脉相连，它是中国最大的外流盆地。

　　四川盆地的岩石，主要由紫红色砂岩和页岩组成。这两种岩石极容易风化发育成紫色土。紫色土含有丰富的钙、磷、钾等营养元素，是我国最肥沃的自然土壤。四川盆地是全国紫色土分布最集中的地方，有"紫色盆地"的美称。

塔里木盆地

塔里木盆地是中国最大的内陆盆地。在新疆维吾尔自治区南部。北为天山、西为帕米尔和昆仑山、南为阿尔金山，大体呈菱形。盆地发源于天山、昆仑山的河流到沙漠边缘就逐渐消失，只有叶尔羌河、和田河、阿克苏河等较大河流能维持较长流程。

塔里木盆地深处大陆内部，周围又有高山阻碍湿润空气进入，年降水量不足100毫米，大多在50毫米以下，极为干旱。盆地中心形成塔克拉玛干沙漠，沙漠内部植被稀少，多为流动沙丘。

盆地内由于风力作用，形成好多石蘑菇和风城地貌。

沙漠

一提起沙漠，小朋友们是不是就想到了骆驼呢？我们快来了解一下吧！

沙漠是指地面完全被沙所覆盖、植物非常稀少、雨水稀少、空气干燥的荒芜地区。

沙漠地域大多是沙滩或沙丘，沙下岩石也经常出现。泥土很稀薄，植物也很少。有些沙漠是盐滩，完全没有草木，沙漠一般是风成地貌，在风的风化下形成了好多的"沙堡"。沙漠里有时会有可贵的矿床，近代也发现了很多石油储藏。

所谓沙漠化，可以理解为荒漠化的一种，即植被破坏之后，地面失去覆盖，沙漠在干旱气候和大风作用下，绿色原野逐步变成类似沙漠景观的过程。土地沙漠化主要出现在干旱和半干旱区。形成沙漠的关键因素是气候，但是在沙漠的边缘地带，原生植被可能是草地，由于人为原因沙化了。所以我们一定爱护自然环境，防止沙漠的扩大哦。

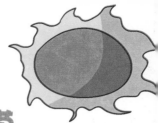

千年"圣井"

世界最大的沙漠

大家知道世界上最大的沙漠在哪儿吗？

世界上最大的沙漠叫撒哈拉沙漠。

撒哈拉沙漠干旱，地貌类型多种多样。由石漠（岩漠）、砾漠和沙漠组成。石漠多分布在撒哈拉中部和东部地势较高的地区，主要有大片砂岩、灰岩、白垩和玄武岩构成，如廷埃尔特石漠、哈姆拉石漠、莎菲亚石漠等，尼罗河以东的努比亚沙漠主要也是石漠。

撒哈拉地区地广人稀，平均每平方千米不足1人。以阿拉伯人为主，其次是柏柏尔人。居民和农业生产主要分布在尼罗河谷地和绿洲，部分以游牧为主。20世纪50年代以来，沙漠中陆续发现丰富的石油、天然气、铀、铁、锰、磷酸盐等矿产资源。

河流

大家都见过大大小小的河流，那河流是怎么形成的呢？

河流通常是指陆地河流，即陆地表面形成线形的自动流动的水体。世界不少著名河流像长江、亚马孙河都是这样流动的。

河流一般是在高山地方做源头，然后沿地势向下流，一直流入像湖泊或海洋的终点。河流是地球上水分循环的重要路径，对全球的物质、能量的传递与输送起着重要作用。

流水还不断地改变着地表形态，形成不同的流水地貌，如冲沟、峡谷、冲积扇、冲积平原及河口三角洲等。在河流密度大的地区，广阔的水面对该地区的气候也具有一定的调节作用。河流与人类的关系极为密切，因为河流暴露在地表，河水取用方便，是人类可依赖的最主要的淡水资源，也是可利用的能源。

世界上最长的河流

世界上最长的河流——尼罗河。

尼罗河纵贯非洲大陆东北部，流经蒲隆地、卢安达、坦桑尼亚、乌干达、衣索比亚、苏丹、埃及，跨越世界上面积最大的撒哈拉沙漠，最后注入地中海。流域面积约335万平方千米，占非洲大陆面积的1/9，全长6650千米，年平均流量每秒3100立方米，为世界最长的河流。

尼罗河有定期泛滥的特点，洪水到来时，会淹没两岸农田，洪水退后，又会留下一层厚厚的河泥，形成肥沃的土壤。四五千年前，埃及人就知道如何掌握洪水的规律和利用两岸肥沃的土地。

很久以来，尼罗河河谷一直是棉田连绵、稻花飘香。在撒哈拉沙漠和阿拉伯沙漠的左右夹持中，蜿蜒的尼罗河犹如一条绿色的走廊，充满着无限的生机。

母亲河

母亲河——黄河。

黄河是中国第二长河，世界第五长河，世界上含沙量最多的河流。

黄河全长5464千米，流域面积752.443平方千米，是中国境内长度仅次于长江的河流，它发源于青海省的巴颜喀拉山，呈"几"字形流经青海、四川、甘肃、宁夏、内蒙古、山西、陕西、河南及山东9个省。由于河流中段流经中国黄土高原地区，因此夹带了大量的泥沙，所以它也被称为世界上含沙量最多的河流。

在中国历史上，黄河沿河流域的人类文明带来很大的影响，是中华民族最主要的发祥地之一，所以中国人一般称其为"母亲河"。

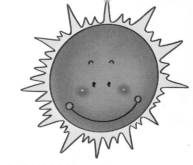

湖泊

湖泊是在地壳构造运动、冰川作用、河流冲淤等地质作用下，地表形成许多凹地，慢慢积水形成的。露天采矿场凹地积水和拦河筑坝形成的水库也属湖泊之列，称为人工湖。湖泊因换流异常缓慢而不同于河流，又因与大洋不发生直接联系而不同于海。

在流域自然地理条件影响下，湖泊的湖盆、湖水和水中物质相互作用，相互制约，使湖泊不断演变。按成因可分为构造湖、火山湖、冰川湖、堰塞湖、人工湖等。按湖水盐度高低可分为咸水湖和淡水湖。

世界湖泊分布很广，中国湖泊众多，青海湖面积为4000多平方千米，是中国最大的湖泊。

世界最大的淡水湖

世界最大的淡水湖——苏必利尔湖。

苏必利尔湖是世界面积最大的淡水湖，北美洲五大湖之一。美国和加拿大共同拥有。湖区气候冬寒夏凉，多雾，风力强盛，湖面多波浪，冬季水位较低，夏季较高。湖水温度较低，夏季中部水面温度一般不超过4℃。冬季湖岸带封冰，全年可航行的时间约6～7个月。

湖中最大岛屿是罗亚尔岛，属美国国家公园。北岸线曲折，多湖湾，背靠高峻的悬崖岩壁，南岸多沙滩，接纳约200条小支流，较大的有尼皮贡河和圣路易斯河等，多从北岸和西岸注入，流域面积（不包括湖面积）12.77万平方千米。湖水经圣玛丽斯河注入休伦湖，两湖落差约6米，水流湍急。湖区森林茂密，矿产资源丰富。

千年"圣井"

中国最大的内陆湖

中国最大的内陆湖——青海湖。

青海湖古称"西海"，又称"鲜水"或"鲜海"。蒙语称"库库诺尔"，意思是"青色的海"，藏语称"错温波"，意思是 "蓝色的海洋"。由于青海湖一带早先属于卑禾羌的牧地，所以又叫"卑禾羌海"，汉代也有人称它为"仙海"，从北魏起才更名为"青海"。

青海湖地处高原的东北部，湖的四周被巍巍高山所环抱。北面是崇宏壮丽的大通山，东面是巍峨雄伟的日月山，南面是逶迤绵延的青海南山，西面是峥嵘嵯峨的橡皮山。青海湖周围是茫茫草原。湖滨地势开阔平坦，水源充足，气候比较温和，是水草丰美的天然牧场，夏季秋季的时候，绿茵如毯。金黄色的油菜，迎风飘香；牧民的帐篷，星罗棋布；成群的牛羊，飘动如云。日出日落的迷人景色，更充满了诗情画意，使人心旷神怡。

青海湖

热带

　　热带是不是真的非常热呢？让我们快来了解一下吧！

　　在我们生活的地球上，有部分地区正午太阳高度终年较高，变化幅度不大，这样的地带终年能得到强烈的阳光照射，气候炎热，称为热带。

　　热带的特点是全年高温，气温变化幅度很小，只有热季和凉季之分，或雨季、干季之分。热带气候最显著的特点是全年气温较高，四季界限不明显，日温度变化大于年温度变化，全年温度大于16摄氏度。

　　中国的雷州半岛、海南岛和台湾岛南部，均处于热带气候，终年不见霜雪，到处是郁郁葱葱的热带丛林，全年无寒冬。

亚热带

亚热带，又称副热带，是地球上的一种气候地带。一般亚热带位于温带靠近热带的地区。亚热带的气候特点是夏季与热带相似，但冬季明显比热带冷。最冷月的平均温度在0摄氏度以上。亚热带是世界上一个重要的气候带。其另一特点为每年冬季虽有冰雪，但无霜期在8个月以上，使农作物一年可有两次的收获。

亚热带有冷、热两季，冷季种喜凉作物，热季种喜温作物，喜凉和喜温不同生态型作物一年两熟或三熟，是亚热带农业的基本特征。分布在亚热带地区的大陆东岸亚热带是世界上一个重要的气候带，主要特点是冬月微寒，足使喜温的热带作物不能良好生长。

南天一柱

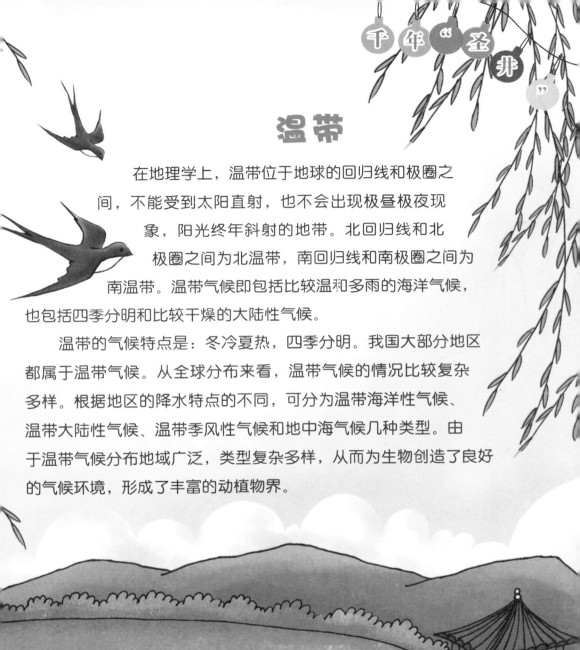

温带

在地理学上，温带位于地球的回归线和极圈之间，不能受到太阳直射，也不会出现极昼极夜现象，阳光终年斜射的地带。北回归线和北极圈之间为北温带，南回归线和南极圈之间为南温带。温带气候即包括比较温和多雨的海洋气候，也包括四季分明和比较干燥的大陆性气候。

温带的气候特点是：冬冷夏热，四季分明。我国大部分地区都属于温带气候。从全球分布来看，温带气候的情况比较复杂多样。根据地区的降水特点的不同，可分为温带海洋性气候、温带大陆性气候、温带季风性气候和地中海气候几种类型。由于温带气候分布地域广泛，类型复杂多样，从而为生物创造了良好的气候环境，形成了丰富的动植物界。

北极圈

北极圈是指北寒带与北温带的界线，其中大部分是北冰洋。北极圈的范围包括了格陵兰、北欧和俄罗斯北部，以及加拿大北部。

由于严寒，北冰洋区域内的生物种类很少，植物以地衣、苔藓为主，动物有北极熊、海豹、鲸等。北极圈也是极昼和极夜现象开始出现的界线，北极圈以北的地区在夏天会出现极昼，而在冬天会出现极夜。

北极圈附近是亚寒带针叶林带和北极苔原之间的过渡地带，由于土壤冻结、寒风呼啸，树木已经难以成长。从南往北，连续成片的森林开始消失，取而代之的是稀疏的乔木、灌木混杂植被，最后只剩下苔藓和地衣，变成苔原地貌。

南极圈

　　南极圈以南的地区，在南半球的夏至日，太阳终日不没；在南半球的冬至日，太阳终日不出。

　　南极圈是南半球上发生极昼、极夜现象最北的界线。南极圈以南的区域，阳光斜射，虽然有一段时间太阳总在地平线上照射（极昼），但正午太阳高度角也是很小，因而获得太阳热量很少，为南寒带。南极圈是南温带和南寒带的分界线。当太阳直射南回归线的时候，南极圈内所有地方会出现极昼现象，而纬度越高的地方出现极昼的天数越长，南纬90度则是从秋分到春分都是极昼。所以科学家通常会在冬季出现极昼的时候到南极考察。

信风

在赤道两边的低层大气中，北半球吹东北风，南半球吹东南风，这种风的方向很少改变，它们年年如此，稳定出现，很讲信用，所以就称它为"信风"了。

信风的形成与地球三圈环流有关，在太阳长期照射下，赤道受热最多，赤道近地面空气受热上升，在近地面形成赤道低气压带，在高空形成高气压，高空高气压向南北两方高空低气压方向移动，在南北纬30°附近遇冷下沉，在近地面形成副热带高气压带。此时，赤道低气压带与副热带高气压带之间产生气压差，气流从"副高"流向"赤低"。在地转偏向力影响下，北半球副热带高压中的空气向南运行时，空气运行偏向于气压梯度力的右方，形成东北风，即东北信风。南半球反之形成东南信风。在对流层上层盛行与信风方向相反的风，即反信风。信风与反信风在赤道和南北纬20°～35°之间构成闭合的垂直环流圈，即哈德莱环流。信风是一个非常稳定的系统，但也有明显的年际变化。

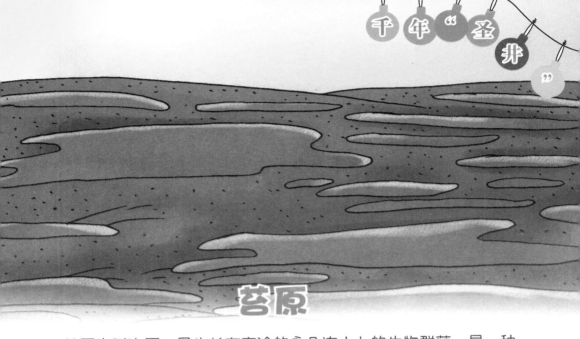

苔原

苔原也叫冻原，是生长在寒冷的永久冻土上的生物群落，是一种极端环境下的生物群落。苔原多出现在极圈内的极地东风带内，风速极大，且有明显的极昼和极夜现象的地带。

苔原生物对极地的恶劣环境有很多特殊的适应能力。苔原植物多为常绿植物，可以充分利用短暂的营养期，而不必费时生长新叶和完成整个生命周期，但短暂的营养期使苔原植物生长非常缓慢。苔原降雨量虽然不是很大，但蒸发量极小，气候仍是非常湿润的，植物既要适应湿润的气候，又要忍受由寒冷造成的生理性干旱。苔原到了夏季也只有表层土壤融化，其下就是厚厚的永久冻土，降水被永久冻土阻拦而难以渗入地下，形成大面积积水，使苔原普遍有沼泽化现象，一系列沼泽池塘点缀在苔原之上。

高山苔原

高山苔原一般都出现在很高很高的山的中上部，那里气候寒冷，生存条件艰苦。这一带，湿度很大，几乎是天天降水，由于气候严酷，土层瘠薄，植物分布由下而上逐渐稀疏，种类逐渐减少。高大的乔木已经绝迹，仅有矮小的灌木、多年生长的草本、地衣、苔藓等，形成了广阔的地毯式的苔原。高山苔原带的植物具有特殊的生活型，植株低矮，以根系发达的匍匐状小灌木和垫状多年生的草本植物为主，生长期短，开花集中，适应强风的吹袭和高山的强光日照。

高山苔原带的特征：植物具有大型花序和色彩鲜艳的大型花朵，每年六、七月，苔原上百花盛开，万紫千红，灿烂夺目，宛如美丽的天然花园。

寒带苔原

寒带苔原也是陆地自然带之一，分布在欧亚大陆和北美大陆的北部边缘、北冰洋沿岸地区和北冰洋一些岛屿，称为森林地带以北的无林旷野。

寒带苔原带的土壤为冰沼土，此带因冰冻层接近地表，夏季水分不能下渗，土壤表层滞水，土温更低，加以全年风速很大等，限制了乔木的生长。植被属于沼泽型，植被由苔藓、地衣、多年生草本和矮小灌木组成。动物种类较少，但个体数量很多，有旅鼠、驯鹿、麝牛、北极狐、北极熊、狼等。池沼中有蚊子、苍蝇类，更有大量候鸟夏季迁来繁息，在沿岸许多地方形成"鸟市"。因各地坡度、坡向、土质与排水条件不同，分为地衣苔原、斑状苔原、草甸苔原与灌木苔原等类型。

苔原植物

苔原植物多为多年生的常绿植物，有很强的生命力，可以充分利用短暂的营养期，而不必费时生长新叶和完成整个生命周期，但短暂的营养期使苔原植物生长非常缓慢。永久冻土阻挡了植物向土壤深处扎根，浅的根系也使植物不可能在狂风下向高处生长。

苔原植物非常矮小，匍匐生长或长成垫状，既可以防风又可以保持温度。很多苔原植物有华丽的花朵，并可以在开花期忍受寒冷，花和果实甚至可以忍受被冻结而在解冻后继续发育。

苔原植物可是我们学习的榜样哦。

苔原动物

苔原地带生存条件非常艰苦，苔原动物为了适应这种环境一般都具有较高繁殖力，如：鸟类产卵的数目比其他地区多，并且在长昼无夜的夏季，可昼夜不停地寻食和育雏；旅鼠在雪下也能繁殖。

苔原动物生命活动的季相变化显著，冬季由于白昼短暂，气温寒冷，绝大多数鸟类迁往温暖地方过冬，较大型兽类如驯鹿迁到针叶林带。有些动物冬季体毛变白，例如：北极狐、白鼬、雪兔、雷鸟等。由于苔原生态系统及气候条件的变化，许多种类数量变动常具有周期性，如雷鸟、雪兔、旅鼠以及以它们为食的北极狐等，每隔3～4年或9～10年数量波动一次。苔原在第四纪冰期分佈较广，现在处于明显衰退阶段，动物群落对人类干扰异常敏感。

落叶阔叶林

所谓落叶阔叶林就是有大大的叶子，在冬天的时候叶子脱落的树林。有阔叶的树林一般都是喜光的，同时，林下还分布有很多的灌木和草本等植物。

我国温带地区多为季风气候，四季明显，光照充分，降水不足，适应于落叶阔叶林生长的环境特点，多数树种在干旱寒冷的冬季，以休眠芽的形式过冬，叶和花等脱落，待春季转暖，降水增加的时候纷纷展叶，开始旺盛的生长发育过程。组成我国落叶阔叶林的主要树种有：栎属、水青冈属、杨属、桦属、榆属、桤属、朴属和槭属等。

很多温带落叶阔叶林分布在我国工农业生产较发达的地区，也是跟我们人类关系十分密切的森林类型。

落叶阔叶混交林

常绿落叶阔叶混交林是落叶阔叶林和常绿阔叶林的过渡森林类型，在我国亚热带地区有着广泛的分布。该森林群落内物种丰富，结构复杂，所以优势树种不明显。

亚热带地区也有明显的季相变化，主要是在秋冬气候变干、变冷，相对比较高大的并处于林冠上层的落叶树种此时叶片脱落，第二或者第三亚层的常绿树种比较耐寒，有时林内的常绿树种的成分增多，树木较高，形成较典型的常绿与落叶树种的混交林。组成常绿、落叶阔叶林的主要树种有：苦槠、青冈、冬青、石楠等。

该森林群落保存有很多重要的珍贵稀有树种，被国家列为重点保护对象，如珙桐、连香树、水青树、钟萼木和杜仲等。

常绿阔叶林

常绿阔叶林叶子一年四季都是绿油油的，它们生长的地区气候温暖，四季分明，夏季高温潮湿，冬季降水较少，是我国亚热带地区最具代表性的森林类型。林木个体高大，森林外貌四季常绿，林冠整齐一致。其中壳斗科、樟科、山茶科、木兰科等是最基本的组成成分，也是亚热带常绿阔叶林的优势种和特征种。

在森林群落组成上，树种组成是以栲属和石栎属为主，在偏湿的生境条件下，樟科中厚壳桂属的种类更为丰富。常绿阔叶林树木叶片多革质、表面有光泽，叶片排列方向垂直于阳光，故有照叶林之称。

硬叶常绿阔叶林

我国硬叶常绿阔叶林通常是指由高山栎组树种组成的常绿阔叶林。其中绝大多数种类生长于海拔2600～4000米之间，主要分布在川西、滇北以及西藏的东南部。为了适应环境，该植被型中的树木叶片很小，常绿，坚硬，多毛，主要分布在亚热带。夏季的时候，气候高温，植物为适应夏季环境条件常常退化成刺状，这里虽然具有明显夏季雨热同季的大陆型气候特征，却与夏旱冬雨的地中海型气候区的硬叶栎类完全相同。

热带雨林

　　热带雨林在赤道带有广泛分布，它的分布与生长需要两个条件，一是温度高，另一个是湿度高，在这生活的植物有两大特点，一是叶子终年常绿，二是弱光下生活，尤其是优势种的幼树，在很微弱的光下便可生长。

　　热带雨林植物生长密集，有很多独特的现象是其他森林没有的，有很多小型植物附生在其他植物的枝、杆上；有的通过绞杀其他植物而树立起自己；有的树木从空中垂下许多柱状的根，最后变成独树成林；林下植物的叶子一般都有滴水叶尖，而有的植物的叶子长得十分巨大；在林内，大藤本非常丰富，有的长达数百米，穿梭悬挂于树木之间，使人难于通行。

　　热带雨林是鸟类生活的天堂。

千年"圣井"

植被

植被——某一地区内植物群落的总体。

植被就是长在地球表面的所有植物的总称。植被因生长环境的不同分为高山植被、草原植被、海岛植被等。由于光照、温度和雨量等影响植物的生长和分布，而形成了不同的植被。自然植被是出现在某一地区的植物长期历史发展的产物。组成植被的单元是植物群落，某一地区植被可以由单一群落或几个群落组成。植被是基因库，保存着多种多样的植物、动物和微生物，并为人类提供各种重要的、可更新的自然资源。

苔藓植物

苔藓植物——一种小型的绿色植物，结构简单，仅包含茎和叶两部分，有时只有扁平的叶状体，没有真正的根和维管束。苔藓植物喜欢阴暗潮湿的环境，一般生长在裸露的石壁上，或潮湿的森林和沼泽地。

比较高级的植物体已有假根和类似茎、叶的分化。植物体的内部构造简单，假根是由单细胞或一列细胞组成，没有中柱，只在较高级的种类中，有类似输导组织的细胞群。苔藓植物体的形态、构造虽然如此简单，但由于苔藓植物具有似茎、叶的分化，孢子散发在空中，对陆生生活仍然有重要的生物学意义。

在植物界的演化进程中，苔藓植物代表着从水生逐渐过渡到陆生的类型。

酸雨

酸雨是近年来大家都在谈的一个话题，那什么是酸雨呢？

酸雨是指Ph值小于5.65的酸性降水。雨水被大气中存在的酸性气体污染。酸雨主要是人为的向大气中排放大量酸性物质造成的。我国的酸雨主要是因大量燃烧含硫量高的煤而形成的，多为硫酸雨，少为硝酸雨，此外，各种机动车排放的尾气也是形成酸雨的重要原因。

酸雨会给金属、动植物等带来巨大的伤害，近年来，我国一些地区已经成为酸雨多发区，酸雨污染的范围和程度已经引起人们的密切关注。

冰雹

　　冰雹也叫"雹",俗称雹子,有的地区叫"冷子",夏季或春夏之间最为常见。它是一些小如绿豆、黄豆,大似栗子、鸡蛋的冰粒。我国除广东、湖南、湖北、福建、江西等省冰雹较少外,各地每年都会受到不同程度的雹灾。尤其是北方的山区及丘陵地区,地形复杂,天气多变,冰雹多,受害重,对农业危害很大。猛烈的冰雹打毁庄稼,损坏房屋,人被砸伤、牲畜被砸死的情况也常常发生;特大的冰雹甚至能比柚子还大,会致人死亡、毁坏大片农田和树木、摧毁建筑物和车辆等,具有强大的杀伤力。雹灾是我国严重灾害之一。

旱灾

由于天然降水和人工灌溉补水不足，致使土壤水分欠缺，不能满足农作物、林果和牧草生长的需要，造成减产或绝产的灾害叫作旱灾。

地壳板块滑动漂移，导致表层水分渗透流失转移，使地表丧失水分，农作物水分平衡遭到破坏而减产或歉收从而带来粮食问题，甚至引发饥荒。旱灾还可令人类及动物因缺乏足够的饮用水而致死。

中国大部属于亚洲季风气候区，降水量受海陆分布、地形等因素影响，因此旱灾发生的时期和程度有明显的地区分布特点。如：秦岭淮河以北地区春旱突出，黄淮海地区经常出现春夏连旱，甚至春夏秋连旱，是全国受旱面积最大的区域。长江中下游地区主要是伏旱和伏秋连旱。西北大部分地区、东北地区西部常年受旱。西南地区春夏旱对农业生产影响较大，四川东部则经常出现伏秋旱。华南地区旱灾也有时发生。

沙尘暴

沙尘暴是什么呢，听起来很吓人的。会不会给我们的生活带来不便呢！让我们快来学习一下吧！

沙尘暴是沙暴和尘暴两者兼有的总称，是指强风把地面大量沙尘物质吹起并卷入空中，使空气特别混浊，水平能见度小于一百米的严重风沙天气现象。其中沙暴指大风把大量沙粒吹入近地层所形成的挟沙风暴；尘暴则是大风把大量尘埃及其他细粒物质卷入高空所形成的风暴。

从全球范围来看，沙尘暴天气多发生在内陆沙漠地区，发源地主要是非洲的撒哈拉沙漠，北美中西部和澳大利亚等地。我国西北地区由于独特的地理环境，也是沙尘暴频繁发生的地区，主要发源地是古尔班通古特沙漠、塔克拉玛干沙漠、巴丹吉林沙漠、腾格里沙漠、乌兰布和沙漠和毛乌素沙漠等。

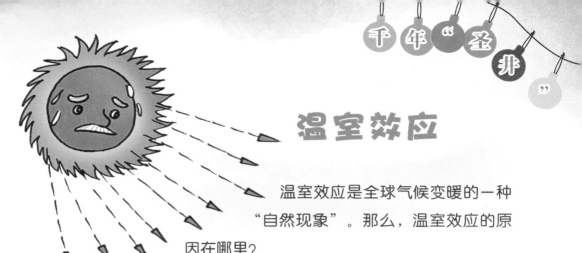

温室效应

温室效应是全球气候变暖的一种"自然现象"。那么，温室效应的原因在哪里？

焚烧化石矿物和砍伐、焚烧森林可以产生二氧化碳等多种温室气体，这些温室气体对来自太阳辐射的可见光具有高度的透过性，而对地球反射出来的长波辐射具有高度的吸收性，能强烈吸收地面辐射中的红外线，这就是常说的"温室效应"。"温室效应"导致了全球气候变暖。

全球变暖会使全球降水量重新分配，冰川和冻土消融，海平面上升等，既危害自然生态系统的平衡，更威胁人类的食物供应和居住环境。

极昼和极夜

极昼，就是太阳永不落，天空总是亮的。极夜，就是太阳总不出来，天空总是黑的。极昼和极夜是极圈内特有的自然现象。

极昼与极夜的形成：是由于地球在沿椭圆形轨道绕太阳公转时，还绕着自身的倾斜地轴旋转而造成的。其实，地球在自转时，地轴与其垂线形成一个约23.5°的倾斜角，因而地球在公转时便出现有6个月时间两极之中总有一极朝着太阳，全是白天；另一极背向太阳，全是黑夜。南、北极这种神奇的自然现象是其他大洲所没有的。

极昼期间，难以入睡，所以北极土著居民有睡眠少的特点；冬季长夜漫漫，他们的活动以室内为主，经常关在屋里的人会患上"室内热症"。"北极夜"到来的时候，那里又是另一番景象了。在漫漫长夜中，除中午略有光亮外，白天也要开着电灯哩！一年之中半年极昼、半年极夜的现象扰乱了人们的生理时钟。

梅雨季节

梅雨，又称黄梅天，指中国长江中下游地区和台湾地区、日本中南部、韩国南部等地，每年6月中下旬至7月上半月之间持续阴天有雨的自然气候现象。因为梅雨发生的时段，正是江南梅子的成熟期，故中国人称这种气候现象为"梅雨"，这段时间也被称为"梅雨季节"。梅雨季节里，空气湿度大、气温高，衣物等容易发霉，所以也有人把梅雨称为同音的"霉雨"。

梅雨季节过后，华中、华南、台湾等地的天气开始由太平洋副热带高压主导，正式进入炎热的夏季。

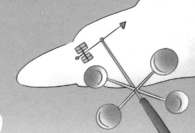

舟山群岛

　　舟山群岛是中国沿海最大的群岛。位于长江口以南、杭州湾以东的浙江省北部海域。古称海中洲。整个岛群是北东走向依次排列。南部大岛较多，海拔较高，排列密集，北部多为小岛，地势较低，分布较散；主要岛屿有舟山岛、岱山岛、朱家尖岛、六横岛、金塘岛等，其中舟山岛最大，面积为502平方千米，为我国第四大岛。

　　舟山群岛是海岛鸟类的重要栖息地和候鸟迁徙的重要驿站。其中珍贵、濒危鸟类有国家Ⅰ级保护动物黑鹳；国家Ⅱ级保护动物斑嘴鹈鹕、鹗、鸢、松雀鹰、鹊鹞、红脚隼、红隼等。

　　舟山群岛风光秀丽，气候宜人。

日光城

拉萨又称日光城。

"日光城"的雨水并不少，它的年雨量是453.9毫米，年雨日为87.8天，比东部地区的内蒙古南部、陕西、山西和河北北部、吉林、辽宁西部还要多些。拉萨下雨时间80%以上是在当天晚上8点到第二天早上8点之间，夜雨多，而第二天仍是太阳高照，天气晴朗。故有"日光城"之称。

拉萨太阳光强，日照长，所以每年的太阳总辐射量高达846千焦耳，普遍比西北干旱地区多。

拉萨是西藏自治区的首府，是自治区政治、经济、文化、教育、金融、信息中心和历史名城。拉萨，藏语为"神佛居住的地方"，意为"圣地"。

千年"坐井"

春城

春城——昆明。昆明是中国面向东南亚、南亚开放的门户枢纽，国家级历史文化名城，中国重要的旅游、商贸城市，西部地区重要的中心城市，云南省省会，云南省政治、经济、文化、科技、交通中心，云南省唯一的特大城市，西部地区第四大城市，仅次于成都、重庆、西安，是中国唯一面向东盟的第一城，还是滇中城市群的核心圈。

昆明的天常如二、三月的天，花开不断，故称"春城"，是云南省的首府，位于我国西南边陲，云贵高原中部，云南省东部，滇池盆地北部，三面环山，南临滇池，河流纵横，形成了富腴肥沃的坝子。由于海拔高，纬度低，昆明常年阳光明媚，雨量充沛，气候如春，景色宜人。滇池地区自然条件优越，早有人类聚居。近年来，在滇池东岸的呈贡龙潭山，出土了三万年前旧石器时代的古人类化石和早期滇文化遗物。滇池周围已发现新石器时代文化遗址二十余处。

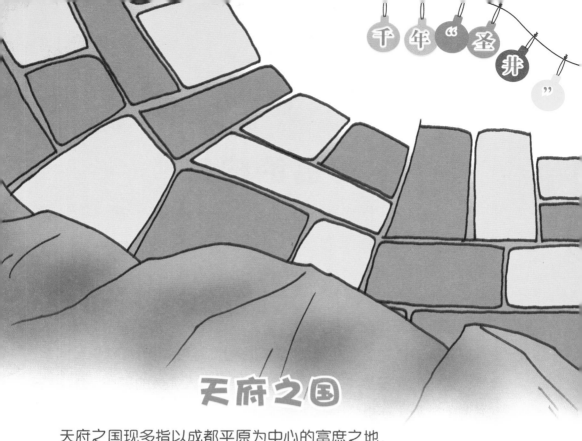

天府之国

天府之国现多指以成都平原为中心的富庶之地。

在四川省，秦太守李冰在成都建成了举世闻名、万代受益的都江堰，使成都"水旱从人，不知饥馑"，从此被誉为"天府之国"。天府：天生的仓库；国：地区，指的是土地肥沃、物产丰富的地区。古专指陕西省关中地区，今多指四川。

早期大量移民入川，不仅带来了充足的劳动力，还带来了丰富的生产技术与文化。天府之国由此开始复兴，在经济文化上具有兼容并蓄、海纳百川的特点。

琴岛的由来

鼓浪屿是厦门西南方一座1.78平方千米的小岛，隔一条500米宽的海峡与厦门市区隔海相望，素有 "海上花园" 之誉。岛屿四面环海，西南部有一岩洞，潮起潮落，浪涛撞击，发出如鼓声响，故称 "鼓浪屿"。

鼓浪屿素有 "琴岛" 之称，岛上成就了数位知名的音乐家。只要你漫步在岛上各个角落的小路上，就会不时听到悦耳的钢琴声，悠扬的小提琴声，轻快的吉他声，动人优美的歌声，加以海浪的节拍，环境特别迷人。

鼓浪屿是 "建筑博览馆"，许多建筑争奇斗妍，异彩纷呈，洋溢着古典主义和浪漫主义的色彩。

"花城"的由来

花城——广州。广州地处亚热带，夏天长，冬天暖和，一年四季草水常绿、花卉常开，自古就享有"花城"的美誉。广州人种花、爱花、赏花和赠花的历史悠久。

广州美称"花城"，其中一年一度的迎春花市，已为世人所瞩目。春节前夕，广州的大街小巷都摆满了鲜花、盆橘，各大公园都举办迎春花展，特别是除夕前三天。各区的主题街道上搭起彩楼，共起花架，四乡花农纷纷涌来，摆开阵势，售花卖橘，十里长街。繁花似锦，人海如潮，一直闹到初一凌晨，方才散去，这就是广州特有的年宵花市。

有一首诗是这样形容广州花街的："香街十里一城春，笑语喧声入彩门。疑是层峦采蜜使，幻成百万赏花人。"

五台山

　　五台山位于山西省东北部，
忻州市五台县和繁峙县之间，西南
距省会太原市240千米。与浙江普陀
山、安徽九华山、四川峨眉山共称
"中国佛教四大名山"。与尼泊尔蓝　　　　　　毗尼花
园、印度鹿野苑、菩提伽耶、拘尸那迦并称为世界五大佛教圣地，
或称世界五大佛教名山。是中国佛教及旅游胜地，居中国十
大避暑名山之首。2009年被联合国教科文组织以文化景观
列入世界遗产名录。

　　　　五台山所在的山西处于黄土高原，地旱树稀，视野里
是一个土黄色的世界，可以称为金色世界。

94

峨眉山

峨眉山位于中国四川峨眉山市境内，景区面积154平方千米，最高峰万佛顶海拔3099米。峨眉山地势陡峭，风景秀丽，有"峨眉天下秀"之称，是一个集佛教文化与自然风光为一体的国家级山岳型风景名胜区。

峨眉山气候多样，植被丰富，共有3000多种植物，其中包括世界上稀有的树种。山路沿途有较多猴群，常结队向游人讨食，为峨眉一大特色。它是中国四大佛教名山之一，有寺庙约26座，重要的有8大寺庙，佛事频繁。1996年12月6日，峨眉山乐山大佛作为文化与自然双重遗产被联合国教科文组织列入世界遗产名录。

九华山

九华山是国家重点风景名胜区，著名的游览避暑胜地，现为国家5A级旅游区、全国文明风景旅游区示范点，与山西五台山、浙江普陀山、四川峨眉山并称为中国佛教四大名山，被誉为国际性佛教道场。九华山主体由燕山期花岗岩构成，以峰为主，盆地峡谷，溪涧流泉交织其中。山势嶙峋嵯峨，共有99峰，其中以天台、天柱、十王、莲花、罗汉、独秀、芙蓉等9峰最为雄伟。十王峰最高，海拔1342米。主要风景集中在100平方千米的范围内的九子泉声、五溪山色、莲峰云海、平冈积雪、天台晓日、舒潭印月、闵园竹海、凤凰古松等地。

山间古刹林立，香烟缭绕，古木参天，灵秀幽静，素有"莲花佛国"之称。

普陀山

普陀山与山西五台山、四川峨眉山、安徽九华山并称为中国佛教四大名山。普陀山是舟山群岛1390个岛屿中的其中之一，形状似苍龙卧海，面积近13平方千米，与舟山群岛的沈家门隔海相望，素有"海天佛国""南海圣境"之称，而且又以山美、水美著称的名山，是首批国家重点风景名胜区。2007年5月8日，舟山市普陀山风景名胜区，经国家旅游局正式批准为国家5A级旅游风景区。普陀山以其神奇、神圣、神秘，成为驰誉中外的旅游胜地。普陀山是我国四大佛教名山之一。

普陀山这座海山，充分显示着海和山的大自然之美，山海相连，显得更加秀丽雄伟。

千佛崖

千佛崖位于霍州市城南7.5千米的辛置镇郭庄村西100多米。千佛崖石雕群像，坐东向西，背靠大运公路，面临千里汾河。

从铭文中可以断定千佛崖始创于唐代，是江苏省唯一留存的南朝佛教石窟。南齐永明年间明僧绍之子在崖上镌造无量寿佛和两侧的观音、菩萨，称"无量殿"。此后至明代，各朝代均有增添。现存大小佛龛294个，大小佛像515尊，俗称"千佛崖"。题材多以阿弥陀佛、弥勒佛、千佛为主，还有释迦多宝、七佛等。其中造型的雕刻风格圆润细致，秀美典雅，与北朝的云冈、龙门石窟遥相辉映，是我国古代石刻艺术的珍品。

天下第一关

"天下第一关"即举世闻名的历史古城山海关，又称"榆关"，以古渝水而得名，位于河北省最东部与辽宁省接壤处，秦皇岛市山海关区境内，燕山与渤海之间，在1990年以前被认为是明长城的东端起点，素有"天下第一关"之称。与万里之外的"天下第一雄关"——嘉峪关遥相呼应，闻名天下。1961年，山海关被中华人民共和国国务院公布为第一批全国重点文物保护单位之一，关公1700年历史的青龙偃月刀刀锋向东，现存放在山海关城楼上，成为镇关之宝。

莫高窟

莫高窟被誉为20世纪最有价值的文化发现，称为"东方卢浮宫"，它坐落在河西走廊西端的敦煌，以精美的壁画和塑像闻名于世。

莫高窟又称千佛洞，始建于十六国的前秦时期，历经十六国、北朝、隋、唐、五代、西夏、元等历代的兴建，形成巨大的规模，现有洞窟735个，壁画4.5万平方米、泥质彩塑2415尊，是世界上现存规模最大、内容最丰富的佛教艺术圣地。近代发现的藏经洞，内有5万多件古代文物，由此衍生专门研究藏经洞典籍和敦煌艺术的学科——敦煌学。1961年，被公布为第一批全国重点文物保护单位之一。1987年，被列为世界文化遗产。

云冈石窟

云冈石窟是我国最大的石窟之一，与敦煌莫高窟、洛阳龙门石窟和麦积山石窟并称为中国四大石窟艺术宝库。

云冈石窟位于山西省大同市以西16千米处的武周山南麓，依山而凿，东西绵延约1千米，气势恢宏，内容丰富。现存主要洞窟45个，大小窟龛252个，造像5万1千余尊，代表了公元5至6世纪时中国杰出的佛教石窟艺术。其中的昙曜五窟，布局设计严谨统一，是中国佛教艺术第一个巅峰时期的经典杰作。这些佛像、飞天、赞助者、供养人的面貌和衣饰上，都留有古代劳动人民的智慧与勤劳。

龙门石窟

　　龙门石窟是中国著名的三大石刻艺术宝库之一，位于河南省洛阳南郊12千米处的伊河两岸。经过自北魏至北宋400余年的开凿，至今仍存有窟龛2100多个，造像10万余尊，碑刻题记3600余品，多在伊水西岸。数量之多位于中国各大石窟之首。其中"龙门二十品"是书法魏碑精华，其中唐代著名书法家褚遂良所书的"伊阙佛龛之碑"则是初唐楷书艺术的典范。

　　龙门石窟是佛教文化的艺术表现，但它也折射出当时的政治、经济以及文化时尚。石窟中保留着大量的宗教、美术、建筑、书法、音乐、服饰、医药等方面的实物资料，因此，它是一座大型石刻艺术博物馆。

麦积山石窟

麦积山石窟为中国四大石窟之一，其他三窟为：龙门石窟、云冈石窟和敦煌莫高窟。麦积山石窟属全国重点文物保护单位，也是闻名世界的艺术宝库。麦积山位于甘肃省天水市东南约35千米处，是我国秦岭山脉西端小陇山中的一座奇峰，海拔1742米，但山高离地面只有142米，山的形状奇特，孤峰突起，犹如麦垛，因此人们称之为麦积山。

麦积山周围风景秀丽，山峦上密布着翠柏苍松，野花茂草。攀上山顶，极目远望，四面全是郁郁葱葱的青山，只见千山万壑，重峦叠嶂，青松似海，云雾阵阵，远景近物交织在一起，构成了一幅美丽的图景，这图景被称为"麦积烟雨"。在我国的著名石窟中，自然景色以麦积山为最佳。素有"小江南""秦地林泉之冠"之美誉。

什么是矿产资源

矿产资源是埋藏于地下或露出于地表，并具有开发利用价值的矿物或有用元素的集合体。

矿产资源是重要的自然资源，是社会生产发展的重要物质基础，现代社会人们的生产和生活都离不开矿产资源。矿产资源属于非可再生资源，其储量是有限的。目前世界已知的矿产有160多种，其中80多种应用较广泛。

矿产资源按其特点和用途分为金属矿产、非金属矿产和能源矿产三大类。

陨石是哪来的

大家见过流星吗？非常漂亮，它属于陨石的一种。

陨石是地球以外未燃尽的宇宙流星脱离原有运行轨道或成碎块散落到地球或其他行星表面的，石质的，铁质的或是石铁混合物质。陨石也称"陨星"。大多数陨石来自小行星带，小部分来自月球和火星。陨石是人类直接认识太阳系各星体珍贵稀有的实物标本，极具收藏价值。陨石多半带有地球上没有或不常见的矿物组合，以及经过大气层高速燃烧的痕迹。每年降落到地球上的陨石有20多吨，大概有两万多块。由于多数陨石落在海洋、荒草、森林和山地等人烟罕至地区，而被人发现并收集到手的陨石每年只有几十块，数量极少。它大多由天而落，形状不一。

钻石是怎么形成的

一说起钻石，是不是马上就想到了珠宝店卖的钻石戒指、钻石项链之类的，那么美丽的钻石是怎么得来的呢？其实钻石的本来面目可不是这样的，钻石是金刚石经过精雕细琢制成的，金刚石是一种天然矿物，是钻石的原石。简单地讲，钻石是在地球深部高压、高温条件下形成的一种由碳元素组成的单质晶体。人类文明虽有几千年的历史，但人们发现和初步认识钻石却只有几百年，而真正揭开钻石内部奥秘的时间则更短。在此之前，伴随它的只是神话般具有宗教色彩的崇拜和畏惧的传说，同时把它视为勇敢、权力、地位和尊贵的象征。如今，钻石不再神秘莫测，更不是只有皇室贵族才能享用的珍品。它已成为百姓们都可拥有、佩戴的大众宝石。

钻石的文化源远流长，今天人们更多地把它看成是爱情和忠贞的象征。

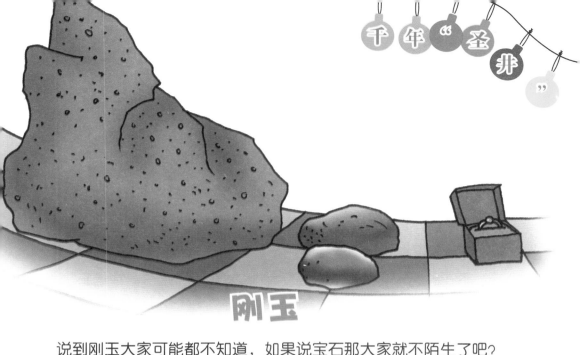

刚玉

说到刚玉大家可能都不知道，如果说宝石那大家就不陌生了吧？

刚玉其实就是宝石，只是在矿物学上称为刚玉。刚玉硬度仅次于金刚石。主要用于高级研磨材料，手表和精密机械的轴承材料。红宝石和蓝宝石都属于刚玉矿物，除星光效应外，只有半透明、透明且色彩鲜艳的刚玉才能做宝石。红色的称为红宝石，而其他色调的刚玉在商业上统称蓝宝石。

我国的红宝石：发现于云南、安徽、青海等地。其中云南红宝石稍好。蓝宝石：发现于海南蓬莱镇、山东潍坊地区、青海西部、江苏六合等地。山东蓝宝石以粒度大、晶体完整而著称，最大达155克拉，但颜色过深、透明度较低。与蓝宝石相比，黄色蓝宝石大多透明度较好。

雨花石

  雨花石也称雨花玛瑙，是由石英、玉髓和燧石或蛋白石混合形成的珍贵宝石。据传说在一千四百年之前的梁代，有位云光法师在南京南郊讲经说法，感动了上天，落花如雨，花雨落地为石，故称雨花石。讲经的地方更名为雨花台。

  雨花石是一种天然玛瑙石，也称文石、观赏石、幸运石，主要产于江苏省南京市六合及仪征市月塘一带。雨花石是世界观赏石中的一朵奇葩，有美丽的色彩和花纹，可供观赏。她主要产自扬子江畔、风光旖旎的南京六合。雨花石以"花"为名，花而冠雨、美丽迷人。

中华瑰宝——寿山石

有喜欢书法的同学吗？你们是不是看到一些书画家在写好一张字或画完一张画时，都会在书画上盖上印章啊，其实他们用的印章就是用各种印章石刻成的，而寿山石就是印章石的一种。

寿山石是中国传统"四大印章石"之一。分布在福州市北郊晋安区与连江县、罗源县交界处的"金三角"地带。若以矿脉走向，又可分为高山、旗山、月洋三系。因为寿山矿区开采得早，以前说的"田坑、水坑、山坑"，就是指在此矿区的田底、水涧、山洞开采的矿石。经过多年的采掘，寿山石涌现的品种达百种之多。寿山石已成为海峡两岸经贸往来、文化交流重要的桥梁之一。

青田石

大家知道青田石吗？青田石是我国传统的"四大印章石之一"。在中国青田石、巴林石、寿山石和鸡血石被称为中国"四大名石"。

青田石色彩丰富，花纹奇特。以"叶蜡石"为主，显蜡状，油脂、玻璃光泽，无透明、微透明至半透明，质地坚密细致，是中国篆刻用石最早的石种。

青田石是一种变质的中酸性火山岩，叫流纹岩质凝灰岩，颜色很杂，红、黄、蓝、白、黑都有，岩石的色彩与岩石的化学有关，当三氧化铁含量高时，呈红色，低时呈黄色，更低时为青白色。岩石硬度中等，玉石含叶蜡石、绢云母、硬铝石等矿物，所以岩石有滑腻感。主要出产于浙江省青田县山口镇，故称之为"青田石"。

东北三宝

　　一说起宝，大家肯定就说珍珠啊玛瑙之类的，可你们知道东北的三宝是什么吗？

　　东北三宝不是什么珍珠玛瑙，而是指中国东北地区的三种土特产，东北三宝，有新旧两种。新三宝是"人参、貂皮与鹿茸"。旧三宝是"人参、貂皮与靰鞡草"。具体地说，"人参、貂皮与鹿茸"是富人、官家的说法，"人参、貂皮与靰鞡草"是穷人的说法。因为东北天气苦寒，穷人老百姓把靰草填在鞋子里，能保证脚不被冻坏，所以靰鞡草是穷人的宝。而富人有温暖的棉靴，就不认为靰鞡草也是东北三宝了，其实旧三宝文化价值更深厚。

死海

死海位于约旦和巴勒斯坦交界，是世界上最低的湖泊，湖面海拔负422米，死海的湖岸是地球上已露出陆地的最低点，湖长67千米，宽18千米，面积810平方千米。

死海湖中及湖岸均富含盐分，在这样的水中，鱼儿和其他水生物都难以生存，水中只有细菌和绿藻没有其他生物；岸边及周围地区也没有花草生长，故人们称之为"死海"。

死海是一个内陆盐湖，位于巴勒斯坦和约旦之间的约旦谷地。约旦河每年向死海注入5.4亿立方米水，另外还有4条不大但常年有水的河流从东面注入，由于夏季蒸发量大，冬季又有水注入，所以死海水位具有季节性变化，从30~60厘米不等。

何谓"老人河"

老人河是密西西比河的别称。

密西西比河是美国第一大河，它与南美洲的亚马孙河、非洲的尼罗河和中国的长江一起并称为世界四大长河。

密西西比河的名称起源于居住在美国北部威斯康星州的阿尔贡金人，阿尔贡金人是当地印第安人的一支，他们把这条河流的上部叫作"密西西比"。

密西西比河之所以得名"河流之父"，还因为它支流众多，将千川百流都汇集到它的怀抱中。密西西比河投身于代航运领域始于19世纪初叶，1811年，"新奥尔良"号汽轮首航密西西比河，从河口溯源而上，开辟了3000千米航道。从此，内河运输量步步上升，时至今日，密西西比河年运输量在2亿至3亿吨，大部分是煤、焦炭、钢铁、硫黄、化工产品、建筑材料等。

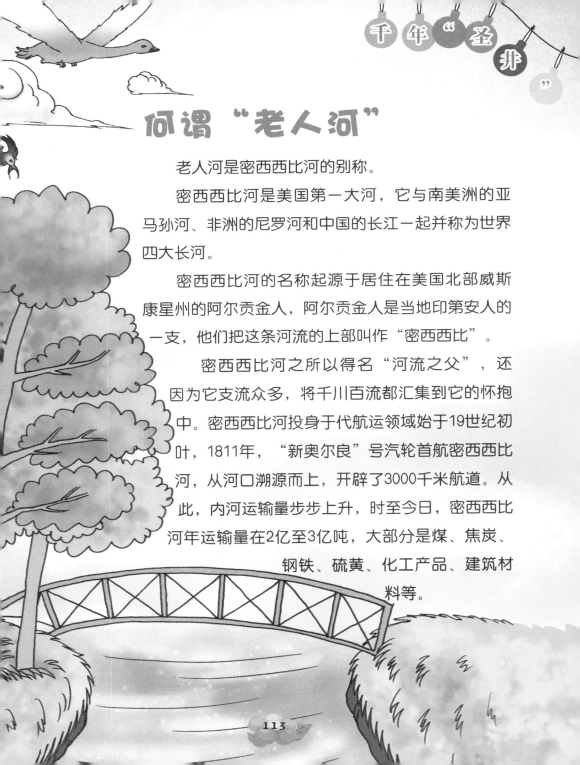

113

冰层下的湖

据英国《独立报》报道，在南极4000米厚的冰层下，静静地躺着一个巨大的湖泊，厚厚的冰盖将它与外面的世界隔绝长达数千万年，因此，这里是我们所不知道的很多种生物的家。

南极大陆坐落在一处冰冻地带，它被好几百米厚的冰层覆盖，这层冰雪已经将其他生动鲜活的生物圈与它隔绝了千百万年。其中有个湖名叫沃斯托克湖，被封冻在4千米的冰层下，直到20世纪90年代初期才通过人造卫星和地震测量法证明它的存在。沃斯托克湖比安大略湖的面积更加广阔，据估计，它大约有500米深，它是如此庞大，打个比方，它可以源源不断地为伦敦提供5千年全部供水！但是沃斯托克湖最有趣的一方面却是，它似乎已经与外界隔绝至少1500万年（从它被埋入地下的那一天开始算起）。

沃斯托克湖是目前已知的被覆盖在南极洲庞大冰盖下的150个冰下湖中的一个，但它是目前已知的最大淡水湖。

瀑布

　　瀑布是不是很美很美啊！大多数人都喜欢得不得了！

　　瀑布在地质学上叫跌水，即河水在流经断层、凹陷等地区时垂直地跌落。在河流的时段内，瀑布是一种暂时性的特征，它最终会消失。

　　瀑布是河水流动中的主要阻断。在大部分情况下，河流总是透过侵蚀和淤积过程来平整流动途中的不平坦之处。经过一段时间以后，河流那长长的纵断面形成一平滑的弧线：河源处最陡，河口处最和缓。瀑布中断了这弧线，它们的存在是对侵蚀过程进展的一个测定。瀑布也称河落，有时也称大瀑布。比较低、陡峭度较小的瀑布称小瀑布。有的河段坡度更平缓，然而在河流坡降局部增加处相应出现湍流和白水，这些河段称急流。

何谓人间天堂

博卡拉四面环山，安娜普纳山脉终年积雪，美丽的鱼尾峰倒映在佩瓦湖里，秀丽奇特。博卡拉河谷是盛名的风景地，有"人间天堂"和"梦境"之称。

博卡拉河谷在300～1000米的低山带，森林以热带乔木娑罗双树为主，在低山丘陵的村寨附近或路旁生长着高大的榕树。这里最动人心魄的奇景是皑皑雪山，自西向东，海拔7000米以上，背负蓝天，森林矗立。河谷中多湖泊。最大的为翡华湖，最宽处近10千米，是天然的淡水湖。湖水自安纳普尔纳雪山冰川补给水源，晶莹澄澈，盛产鲤鱼、鳟鱼。湖心的小岛上有巴拉希塔式寺庙，里面供奉巴拉希神，是著名朝圣地之一。

千年"圣井"

玛雅文化神秘而伟大，玛雅人的传说数不胜数。在玛雅现存的最后一座石头城中，有一口圣井——一种石灰岩形成的天然井。这座井中蕴藏着数以百计的黄金、宝石祭品，更令人吃惊的是，这深不见底的沼泽中，躺着上百具人类的骸骨。

相传1000多年前，古老而神秘的玛雅人对雨神极为崇拜，每到春季都要举行盛大的祭献仪式，国王将挑选出来的一名14岁的美丽少女投入一口通往"雨神宫殿"的圣井，让她去做雨神的新

娘;同时还将各种珠宝等撒入圣井,向雨神乞求风调雨顺。16世纪,玛雅人突然从地球上消失了。这口聚集着巨大财富的圣井也随之隐没。

20世纪90年代末,一批欧美考古学家在崖顶上发现了丹尼尔的遗骨和日记本。根据本中记载的种种线索,专家找到了举世闻名的"天下第一圣井"。

"赤道天堂"在哪里

　　马尔代夫共和国（原名马尔代夫群岛，1969年4月改为现名）位于南亚，是印度洋上一个岛国，由1200余个小珊瑚岛屿组成，其中202个岛屿有人居住。全国属热带雨森气候，炎热潮湿，无四季之分。年平均气温28℃，年平均降水量1900毫米。是世界上最大的珊瑚岛国。

　　在印度洋宽广的蓝色海域中，有一串如同被白沙环绕的绿色岛屿——马尔代夫群岛。许多游客在领略过马尔代夫的蓝、白、绿三色后，都认为它是地球上最后的乐园。有人形容马尔代夫是上帝抖落的一串珍珠，也有人形容是一片碎玉，这两种形容都很贴切，白色沙滩的海岛就像一粒粒珍珠，而珍珠旁的海水就像是一片片的美　　　　玉。西方人喜欢称呼马尔代夫为"失落的天堂"。

何处是"天涯海角"

历史上，海南岛曾是一个蛮荒之地，海南岛天气酷热，环境极为恶劣。交通闭塞，人烟稀少，荒芜凄凉，人迹罕至，来到此地的人，大都九死一生，有"鸟飞尚需半年程"之说。唐宋时代，封建统治者便把这里当作流放"逆臣"的地方，被贬之士有唐武宗时的宰相李德裕，他因力主削藩，在"牛李党争"中遭牛派打击，贬到海南，悲愤地吟道："一去一万里，千之千不还，崖州在何处，生渡鬼门关"；宋朝庐陵籍名臣胡铨（公元1102—1180年）因上疏请杀奸相秦桧，也被贬海南，发出了"崎岖万里天涯路，野草荒烟正断魂"的呼声；宋代大文豪苏东坡当年获罪被贬到海南后，游到天涯海角时发现这里原来是个风景秀丽的地方，留下了"九死南荒吾不悔，兹游奇绝冠平生"的诗句。虽说"九死南荒吾不悔"，但"九死南荒"四字说明这里是何等荒凉。南渡蛮荒无故人，遥望京都无归期，天涯海角，来去无路，使人们望而生畏。